高等职业教育铁道交通运营管理专业“十二五”规划教材

铁路接发列车作业实训（学生工作页）

主　编　刘士局　李景华
副主编　李慧玲　段秀军
主　审　张敬轩

中国财富出版社

图书在版编目（CIP）数据

铁路接发列车作业实训：学生工作页 / 刘士局，李景华主编．—北京：中国财富出版社，2015.6

（高等职业教育铁道交通运营管理专业“十二五”规划教材）

ISBN 978－7－5047－5750－0

Ⅰ.①铁…　Ⅱ.①刘…②李…　Ⅲ.①铁路车站—车站作业—高等职业教育—教材　Ⅳ.①U292.15

中国版本图书馆 CIP 数据核字（2015）第 133305 号

策划编辑　寇俊玲　　**责任印制**　何崇杭

责任编辑　于　淼　李彩琴　　**责任校对**　饶莉莉

出版发行　中国财富出版社

社　　址　北京市丰台区南四环西路 188 号 5 区 20 楼　　**邮政编码**　100070

电　　话　010－52227568（发行部）　010－52227588 转 307（总编室）

010－68589540（读者服务部）　010－52227588 转 305（质检部）

网　　址　http://www.cfpress.com.cn

经　　销　新华书店

印　　刷　中国农业出版社印刷厂

书　　号　ISBN 978－7－5047－5750－0/U・0101

开　　本　787mm×1092mm　1/16　　**版　　次**　2015 年 6 月第 1 版

印　　张　6.75　　**印　　次**　2015 年 6 月第 1 次印刷

字　　数　147 千字　　**定　　价**　16.00 元

前 言

学生工作页是现代职业教育的主要学习材料，是学生实现有效学习的重要工具，任务是帮助学生学会如何学习和工作。本书在基本教材《铁路接发列车作业》的基础上，将知识、技能的重点和难点进行分解，以工作页的形式体现，每一工作页都有任务描述、学习过程、任务总结，注重了实用性和针对性。在编写形式上力求图文并茂、通俗易懂，注重适用性和实用性，使学生易于接受。

在使用学生工作页时，学生需要做到以下几点：

1. 明确目标，主动学习

职业素养、工作能力的养成，是通过自身的实践获得的，而不是依靠教师知识的传授。因此，学生是学习的主体，通过自己的实践，在工作过程中获得的知识与技能是最牢靠的。本工作页将引导学生完成完整的工作任务，学习真实的职业岗位工作内容，使学生获得与以前完全不同的学习体验。学生也必须积极主动的学习，使自己成为接发列车工作的行家里手。

2. 熟记规章

无数事实证明，铁路的每一条规章都是由血和泪写成的，都是经验教训的总结。接发列车工作尤其离不开规章，所以希望同学们在学习时认真理解规章，不但能够熟练的背诵下来，更要学会如何运用规章。

3. 用好工作页

每一个工作页都确定了明确的目标，包括能力目标、知识目标和素质目标，学生应该以这些目标为指引，努力地去完成。学习过程中，学生要在“学习过程”的帮助下，尽量独立的学习并完成包括填写工作页内容在内的整个学习任务。最后，学生要总结自己在完成本工作任务之后获得哪些收获，掌握了哪些技能，有哪些体会及经验教训，是否完成了预先制订的工作目标。

全书共分为四个项目，14 个工作任务。项目一正常情况下接发列车作业，主要包括接发列车工作要求、单线半自动闭塞区段接发列车作业、双线自动闭塞区段接发列车作业；项目二行车设备故障接发列车作业，主要包括进站信号机故障接车作业、道岔或轨道电路故障接车作业、出站信号机故障发车作业、一切电话中断接发列车作业；项目三运行条件变化接发列车作业，主要包括双线反方向或改按单线接发列车作业、车站无空闲线路接车作业、特殊列车接发作业；项目四施工（事故）接发列车作业，主要包括施工登记与签认、路用列车接车作业、救援列车接发作业、列车分部运行。

本书由吉林铁道职业技术学院刘士局、李景华任主编，天津铁道技术学院李慧玲、吉林铁道职业技术学院段秀军任副主编。由沈阳铁路局吉林车务段张敬轩主审。具体编写分工如下：段秀军编写项目一，李景华编写项目二的任务一、任务二，李慧玲编写项目二的任务三、任务四，刘士局编写项目三，沈阳铁路局吉林车务段王志刚编写项目四。在编写过程中得到了沈阳铁路局吉林车务段、长春北站等站段的大力支持，在此表示衷心感谢。

本书在编写过程中参考了大量的相关教材和论文，在此，谨向作者表示深深的谢意！

由于时间和能力所限，书中难免有不妥之处，恳请读者和专家批评指正。

编　者

2015 年 3 月

目　录

项目一　正常情况下接发列车作业

任务一　接发列车工作要求

学生工作页（1-1）

班级：		姓名：	学号：	小组：	参考学时：2 学时
学习目标	能力目标	作为一名车站值班员能面对列车车次、车站设备，独立判定接发列车情况及条件，理解接发列车作业程序，判定两相邻车站接发列车的配合时机等			
	知识目标	接发列车工作的主要内容及人员分工，接发列车工作要求，行车闭塞法，区间的划分，基本闭塞法的行车凭证			
	素质目标	培养学生认真细致的作风、执行标准化作业的习惯以及学生的自学能力			

【任务描述】

××年×月×日 19 时 21 分至 22 时 05 分，××站联锁失效。22002 次站内停 2 道，计划交会 11319 次、1385 次后再开（这几列车为该班组接晚班的第一批作业）。

车站值班员××盲目布置两端扳道员，准备 11319 次 2 道通过进路，而两端扳道员既未出场检查确认进路，也未填记占线揭示板，竟先后盲目汇报 2 道通过进路准备妥当。直至 11319 次逼近，车站值班员出场接车时才发觉 2 道停有 22002 次，慌忙跑回行车室，命令 1 号扳道员："改进 1 道、改进 1 道。"而 1 号扳道员却误听为"赶紧引导、赶紧引导"，迅速往进站信号机外跑。结果，11319 次与 22002 次正面冲撞（列车颠覆，死亡 6 人、伤 1 人、货车报废 16 辆、大破 8 辆、机车报废 1 台、大破 1 台，中断正线行车 24 小时），造成重大行车事故。

这起事故的相关责任人，被刑事处理，有关领导也被给予行政处分。

【学习过程】

1. 阅读上面案例，分析造成这起事故的原因有哪些？

续　表

班级：	姓名：	学号：	小组：	参考学时：2 学时

2. 车站参与接发列车的人员有哪些？谁是指挥者？

3. 在接发列车时，有哪些作业程序？

4. 在接发列车时，参与接发列车的人员需要严格执行哪些规章？

5. 在接发列车时，应严格遵守哪些人身安全规定？

【任务总结】

1. 掌握了哪些技能（知识）：________________________

2. 新的体会及经验教训：________________________

3. 是否完成了预先制订的目标：________________________

4. 其他收获：________________________

任务二　单线半自动闭塞区段接发列车作业

学生工作页（1-2）

班级：		姓名：	学号：	小组：	参考学时：12 学时
学习目标	能力目标	能够正确执行单线半自动闭塞集中联锁（设信号员）（TB/T1500.3—2009）接发列车作业标准			
	知识目标	单线半自动闭塞集中联锁（设信号员）的接发列车作业程序			
	素质目标	培养学生认真细致的作风、执行标准化作业的习惯以及学生的自学能力			

【任务描述】

1. A—B 为单线半自动闭塞区间，两站均配有信号员，A 站开往 B 站为下行方向，B 站开往 A 站为上行方向。A 站 3 道停有计划 16：09 开往 B 站的列车 K169 次，B 站 1 道停有计划 16：26 开往 A 站的列车 26052 次，两站内其他股道均空闲，区间图定运行时间 13 分钟，两站均有影响进路的调车作业，请 A、B 两站分别办理这两趟列车的接发车作业。

2. A—B 为单线半自动闭塞区间，两站均配有信号员，A 站开往 B 站为下行方向，B 站开往 A 站为上行方向。A 站 3 道停有计划 9：41 开往 B 站的列车 7551 次，B 站 1 道停有计划 9：24 开往 A 站的列车 K1352 次，两站内其他股道均空闲，区间图定运行时间 11 分钟，B 站有影响进路的调车作业，请 A、B 两站分别办理这两趟列车的接发车作业。

3. A—B 为单线半自动闭塞区间，两站均配有信号员，A 站开往 B 站为下行方向，B 站开往 A 站为上行方向。A 站 3 道停有计划 13：52 开往 B 站的列车 45037 次，B 站 1 道停有计划 14：03 开往 A 站的列车 K1352 次，两站内其他股道均空闲，区间图定运行时间 15 分钟，A 站有影响进路的调车作业，请 A、B 两站分别办理这两趟列车的接发车作业。

【学习过程】

1. 根据所学的内容及所查资料，试述在单线半自动闭塞区段办理接发列车前的准备工作有哪些？这些工作的关键注意事项是什么？

2. 结合本次任务，试述到发线的使用原则。如何提高到发线通过能力？

续 表

班级：	姓名：	学号：	小组：	参考学时：12学时

3. 在单线半自动闭塞区段办理接发列车时的作业事项有哪些？这些作业事项有哪些环节需要注意？

4. 在本任务中执行的是哪些接发列车作业标准？请以4人小组为单位按照标准及所附的程序表完成“任务描述”中题目演练。

【任务总结】

1. 掌握了哪些技能（知识）：____

____

2. 新的体会及经验教训：____

____

3. 是否完成了预先制订的目标：________________________________

4. 其他收获：____

一、单线半自动闭塞集中联锁（设信号员）接车（通过）作业程序

<table>
<tr><th colspan="2">作业程序</th><th colspan="3">岗位作业技术要求</th><th rowspan="2">其他事项</th></tr>
<tr><th>程序</th><th>项目</th><th>车站值班员</th><th>信号员</th><th>助理值班员</th></tr>
<tr><td rowspan="7">一
承认闭塞（接受预告）</td><td rowspan="3">1
确认区间空闲</td><td>(1) 听取发车站请求闭塞（双线为发车站预告）：“×（次）闭塞”。接发特快、快速、临客、普通旅客列车时，车次前分别冠于“客车特”“客车快”“客车临”“客车”用语</td><td></td><td></td><td></td></tr>
<tr><td>(2) 根据闭塞表示灯、《行车日志》及各种行车表示牌，确认区间空闲</td><td></td><td></td><td></td></tr>
<tr><td>(3) 按列车运行计划核对车次、时刻、命令、指示</td><td></td><td></td><td></td></tr>
<tr><td rowspan="4">2
办理闭塞手续（接受发车预告）</td><td>(4) 同意闭塞：“同意×（次）闭塞”（双线复诵：“×（次）预告”）</td><td></td><td></td><td></td></tr>
<tr><td>(5) 通知信号员（长）：“办理×（次）闭塞”。（双线：“×（次）预告”），并听取复诵</td><td>(1) 复诵：“办理×（次）闭塞”（双线：“×（次）预告”）</td><td></td><td></td></tr>
<tr><td>(6) 应答：“×（次）闭塞好（了）”</td><td>(2) 一听铃响、二看黄灯、三按闭塞按钮、四确认绿色灯光，口呼：“×（次）闭塞好（了）”</td><td></td><td></td></tr>
<tr><td>(7) 填写《行车日志》。单机挂车辆数、尾部车号、超长××、列尾故障或丢失时尾部车号记入记事栏内</td><td></td><td></td><td></td></tr>
</table>

续 表

<table>
<tr><th colspan="2">作业程序</th><th colspan="3">岗位作业技术要求</th><th rowspan="2">其他事项</th></tr>
<tr><th>程序</th><th>项目</th><th>车站值班员</th><th>信号员</th><th>助理值班员</th></tr>
<tr><td rowspan="3">一 承认闭塞（接受预告）</td><td rowspan="3">2 办理闭塞手续（接受发车预告）</td><td>(8) 必要时与列车调度员核对车次，了解列车停、通、会作业时间等。联系列车待避、会让及通过事宜。遇有作业列车询问列车编组数量，通知有关作业人员</td><td></td><td></td><td></td></tr>
<tr><td>(9) 确定接车线
①将旅客（超限及重点）列车接入固定线路；
②掌握站内接发客车、超限及重点列车到发线用途
③与列车调度员核对，掌握列车性质，确定接车线
④超限及重点列车通知接车站列车性质</td><td>(3) 掌握站内接发客车、超限及重点列车到发线用途
(4) 对值班员确定的接车线再次核对</td><td>(1) 掌握站内接发客车、超限及重点列车到发线用途
(2) 对值班员确定的接车线再次核对。（助理值班员在室外作业时除外）</td><td></td></tr>
<tr><td>(10) 通知信号员（长）、助理值班员：“×（次）、×道停车（通过或到开）”，并听取复诵</td><td>(5) 复诵：“×（次）×道停车（通过或到开）”，并填写占线板（簿）</td><td>(3) 复诵：“×（次）×道停车（通过或到开）”，并填写占线板（簿）</td><td></td></tr>
<tr><td>二 开放信号</td><td>3 听取开车通知</td><td>(11) 复诵发车站开车通知：“×（次）、×（点）×（分）开（通过）”</td><td></td><td>(4) 与车站值班员核对调度命令内容，确认正确后方可交付。（助理值班员在室外作业时除外）</td><td></td></tr>
</table>

续　表

作业程序		岗位作业技术要求			其他事项
程序	项目	车站值班员	信号员	助理值班员	
二 开放信号	3 听取开车通知	(12) 填写《行车日志》。遇有超长、超限列车，单机挂车及列尾装置灯光熄灭的列车应及时记入《行车日志》			(1)按规定接收、核对调度命令：接收调度命令先核对后签收，审核时要认真细致；须经把关人员审核的调度命令，审核正确后方可交付
		(13) 通知信号员、助理值班员：“×（次）开过来（了），”并听取复诵	(6) 复诵：“×（次）开过来（了）”，并填写占线板	(5) 复诵：“×（次）开过来（了）”，并填写占线板	
		(14) 按《站细》规定通知有关人员			
	4 确认接车线	(15) 确认接车线路空闲			
		(16) 通知信号员：“停止影响进路的调车作业”，并听取报告（无影响进路的调车作业时，此项作业省略）	(7) 复诵：“停止影响进路的调车作业”。确认停止后，向值班员报告：“影响进路的调车作业已停止”。确认停调时机符合《站细》要求		(2)严禁抢钩作业严格按《站细》规定时间停止影响进路的调车作业
	5 开放信号	(17) 通知信号员：“×（次）、×道停车（通过），开放信号”。听取复诵无误后，命令：“执行”	(8) 复诵：“×（次）×道停车（通过），开放信号”。操纵信号按钮严格执行“眼看、手指、口呼”的规定		(3) 发现信号开放错误应重新开放信号，如来不及时应使列车在站外停车，再重新开放信号

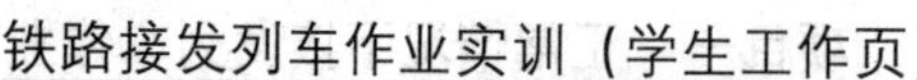

续 表

作业程序		岗位作业技术要求			其他事项
程序	项目	车站值班员	信号员	助理值班员	
二 开放信号	5 开放信号	(18) 确认信号正确，应答：“×道进站信号好（了）”；通过时，应答：“×道进、出站信号好（了）”	(9) 开放进站信号，口呼：“进站”按下始端按钮；口呼：“×道”（正线通过时，口呼：“出站”）按下终端按钮。确认光带、信号显示正确，口呼：“信号好（了）”	(6) 与车站值班员核对命令内容，确认转交车次。使用列车无线调度通信设备转交命令时，对命令重点内容进行监听	(4) 发生错交、漏交命令危及行车安全时立即喊停列车
三 接车	6 列车接近	(19) 当列车接近车站，听到司机呼叫：“××站××次接近”回答用语：（与司机联控前确认进、出站信号好后再联控）“××次××站×道停车（通过）”	(10) 通过控制台监视信号及进路表示		(5) 原规定通过的旅客列车由正线变更为到发线接车及特快旅客列车遇特殊情况必须变更基本进路时，须经列车调度员准许，并预告司机；如来不及预告时，应使列车在站外停车后，开放信号机，再接入站内
		(20) 再次确认信号开放正确后，应答：“×（次）接近”	(11) 接近铃响、光带（表示灯）变红，再次确认信号开放正确，口呼：“×（次）接近”		
		(21) 通知助理值班员：“×（次）接近，×道接车”并听取复诵。如为单机挂车或列尾故障、丢失时一并通知，并听取复诵。（助理值班员在室外作业时，利用列车无线调度通信设备通知）		(7) 复诵：“×（次）接近，×道接车”	

续　表

<table>
<tr><th colspan="2">作业程序</th><th colspan="3">岗位作业技术要求</th><th rowspan="2">其他事项</th></tr>
<tr><th>程序</th><th>项目</th><th>车站值班员</th><th>信号员</th><th>助理值班员</th></tr>
<tr><td>三 接车</td><td>7 接送列车</td><td></td><td></td><td>(8) 到《站细》规定地点接车。接通过列车时，眼看、手指出站信号，确认信号开放正确，口呼：“×道出站信号好（了）”</td><td>(6) 接停车列车执行二个面向；接通过列车执行三个面向</td></tr>
<tr><td rowspan="6">四 列车到达（通过）</td><td rowspan="4">8 列车到达通过</td><td></td><td>(12) 通过控制台监视进路、信号及列车进（出）站</td><td>(9) 监视列车进站，于列车停妥后返回。通过列车，于列车尾部越过接车地点，确认列车尾部标志，按规定显示互检信号后返回。认真监视列车运行及货物装载状态，发现危及行车安全时，立即采取措施</td><td></td></tr>
<tr><td>(22) 应答：“好（了）”</td><td>(13) 通过控制台确认列车整列进入（通过）接车线，口呼：“×（次）到达（通过）”</td><td></td><td></td></tr>
<tr><td>(23) 对通过列车通知接车站：“×（次），×（点）×（分）通过”。并听取复诵</td><td></td><td></td><td>(7) 遇有超长、超限列车，单机挂车及列尾装置灯光熄灭的列车，应通知接车站</td></tr>
<tr><td>(24) 填写《行车日志》</td><td>(14) 对通过列车擦掉占线板记载</td><td>(10) 对通过列车擦掉占线板记载</td><td></td></tr>
<tr><td rowspan="2">9 开通区间</td><td>(25) 通知信号员（长）：“开通×（站）区间”，并听取复诵</td><td>(15) 复诵：“开通×（站）区间”</td><td></td><td></td></tr>
<tr><td>(26) 应答：“好（了）”</td><td>(16) 一看闭塞表示灯、二按（拉）闭塞（复原）按钮、三确认灯光熄灭，口呼：“×（站）区间开通”</td><td></td><td></td></tr>
</table>

续 表

作业程序		岗位作业技术要求			其他事项
程序	项目	车站值班员	信号员	助理值班员	
四 列车到达（通过）	10 报点	(27) 通知发车站：“×（次），×（点）×（分）到”，并听取复诵			
		(28) 向列车调度员报点：“×站报点，×（次），×（点）×（分）到（通过）”。使用计算机系统报点时，通过系统报点			

二、单线半自动闭塞集中联锁（设信号员）发车作业程序

作业程序		岗位作业技术要求			其他事项
程序	项目	车站值班员	信号员	助理值班员	
一 请求闭塞（发车预告）	1 确认区间空闲	(1) 根据闭塞表示灯、《行车日志》及各种行车表示牌，确认区间空闲			
	2 办理闭塞手续（发车预告）	(2) 请求闭塞：“×次闭塞”（双线：“×（次）预告”）。发出特快、快速、临客、普通旅客列车时，车次前分别冠有“客车特”“客车快”“客车临”“客车”用语。遇有超长、超限列车，单机挂车及列尾装置灯光熄灭的列车，应通知接车站。用语为：“超长的×次预告（超限、单机挂车×辆、列尾装置灯光熄灭）”	(1) 对办理闭塞作业程序进行互控		

续 表

<table>
<tr><th colspan="2">作业程序</th><th colspan="3">岗位作业技术要求</th><th rowspan="2">其他事项</th></tr>
<tr><th>程序</th><th>项目</th><th>车站值班员</th><th>信号员</th><th>助理值班员</th></tr>
<tr><td rowspan="3">一 请求闭塞（发车预告）</td><td rowspan="3">2 办理闭塞手续（发车预告）</td><td>（3）通知信号员（长）：“办理×（次）闭塞”，并听取复诵</td><td>（2）复诵：“办理×（次）闭塞”</td><td></td><td></td></tr>
<tr><td>（4）应答：“×（次）闭塞好（了）”</td><td>（3）一按闭塞按钮、二听铃响、三看黄灯变绿，口呼：“×（次）闭塞好（了）”</td><td></td><td></td></tr>
<tr><td>（5）填写《行车日志》。单机挂车辆数、超长××、列尾故障或丢失时尾部车号记入记事栏内</td><td></td><td></td><td></td></tr>
<tr><td rowspan="2">二 开放信号</td><td rowspan="2">3 开放信号</td><td>（6）通知信号员：“停止影响进路的调车作业”，并听取报告严格按《站细》规定时间停止影响进路的调车作业。（无影响进路的调车作业时，此项作业省略）</td><td>（4）复诵：“停止影响进路的调车作业”。确认停止后，向值班员报告：“影响进路的调车作业已停止”。确认停调时机符合《站细》要求。发现未按规定停调及时提醒</td><td></td><td></td></tr>
<tr><td>（7）通知信号员（长）：“×（次）、×道发车，开放信号”，并听取复诵无误后，命令：“执行”。
①车站值班员下达开放信号的命令时应讲清车次、方向。②对信号员排列进路进行确认。③车站值班员发车联控用语中增加“去××方向”</td><td>（5）复诵：“×（次）、×道发车，开放信号”。信号员排列进路前应确认车次、方向</td><td></td><td>（1）发现错办发车方向，如出站信号已开放而列车尚未启动，应按规定取消发车进路。如列车已经启动应立即喊停列车</td></tr>
</table>

续 表

作业程序		岗位作业技术要求			其他事项
程序	项目	车站值班员	信号员	助理值班员	
二 开放信号	3 开放信号	(8) 确认信号正确，应答：“×道出站信号好（了）”。①对信号员排列的列车及调车进路进行确认。②信号开放后，做到不间断监视信号及进路表示	(6) 开放出站信号，口呼：“×道”按下始端按钮；口呼：“出站”，按下终端按钮；确认光带、信号显示正确，口呼：“信号好（了）”。信号开放后，做到不间断监视信号及进路表示	(1) 确认信号开放正确。发车前再次确认信号开放正确。（助理值班员在室外作业时除外）	
三 发车	4 准备发车	(9) 与司机联控：“××（次）×道出站信号好（了）”。并听取列车司机应答。列车司机应答用语：“××（次）×道出站信号好（了），司机明白”			
		(10) 通知助理值班员：“×（次）、×道发车”，并听取复诵。助理值班员在室外时，使用列车无线调度通信设备通知助理值班员：“×站外勤×（次）×道发车”		(2) 复诵：“×（次）、×道发车”。与车站值班员核对命令内容，确认转交车次	(2) 发生错交、漏交命令危及行车安全时立即喊停列车
	5 确认发车条件		(7) 通过控制台监视信号及进路表示	(3) 发车前，眼看、手指出站信号，确认信号开放正确，口呼：“×道出站信号好（了）”	

续　表

作业程序		岗位作业技术要求			其他事项
程序	项目	车站值班员	信号员	助理值班员	
三 发车	5 确认发车条件	（11）发车前须确认出站信号已开放、行车凭证及调度命令已交付方可通知发车		（4）确认旅客上下、行包装卸，列检作业完了。确认有关命令已交付。单机挂车，确认列车辆数、尾部车号、软管吊起，并进行制动机简略试验。 ①发车前须确认出站信号已开放、行车凭证及调度命令已交付、旅客上下、行包装卸和列检作业完了，方可指示发车或发车。 ②发车前严格执行确认出站信号“三合一”制度	（3）发车条件不具备显示发车信号、列车尚未启动时应及时通知司机，列车已经启动应通知司机立即停车
	6 指示发车			（5）按规定站在适当地点，显示发车信号或向运转车长显示发车指示信号并应依式中转发车信号。（使用列车无线调度通信设备发车时除外）	
四 列车出发	7 监视列车	（12）列车启动，通知接车站：“×（次），×（点）×（分）开”。并听取复诵			

续　表

<table>
<tr><td colspan="2">作业程序</td><td colspan="3">岗位作业技术要求</td><td rowspan="2">其他事项</td></tr>
<tr><td>程序</td><td>项目</td><td>车站值班员</td><td>信号员</td><td>助理值班员</td></tr>
<tr><td rowspan="5">四
列车出发</td><td rowspan="2">7
监视列车</td><td>(13) 填写《行车日志》</td><td></td><td>(6) 监视列车，在列车尾部越过发车地点，确认列车尾部标志，按规定显示互检信号后返回</td><td></td></tr>
<tr><td>(14) 应答：“好（了）”</td><td>(8) 通过控制台确认列车整列出站口呼：“×（次）出站”。
(9) 擦掉占线板记载</td><td>(7) 擦掉占线板记载</td><td></td></tr>
<tr><td>8
报点</td><td>(15) 向列车调度员报点：“×站报点，×（次），×（点）×（分）开。”使用计算机系统报点时，通过系统报点</td><td></td><td></td><td></td></tr>
<tr><td rowspan="2">9
接受到达通知</td><td>(16) 复诵接车站列车到达通知</td><td>(10) 确认闭塞表示灯熄灭</td><td></td><td></td></tr>
<tr><td>(17) 填写《行车日志》</td><td></td><td></td><td></td></tr>
</table>

任务三　双线自动闭塞区段接发列车作业

学生工作页（1－3）

<table>
<tr><td colspan="2">班级：</td><td>姓名：</td><td>学号：</td><td>小组：</td><td>参考学时：12 学时</td></tr>
<tr><td rowspan="3">学习目标</td><td>能力目标</td><td colspan="4">能够正确执行双线自动闭塞集中联锁（设信号员）（TB/T1500.1—2009）接发列车作业标准</td></tr>
<tr><td>知识目标</td><td colspan="4">双线自动闭塞集中联锁（设信号员）的接发列车作业程序</td></tr>
<tr><td>素质目标</td><td colspan="4">培养学生认真细致的作风、执行标准化作业的习惯以及学生的自学能力</td></tr>
</table>

续　表

班级：	姓名：	学号：	小组：	参考学时：12学时

【任务描述】

1. A—B为双线双向自动闭塞区间，两站均配有信号员。A站开往B站为下行方向，B站开往A站为上行方向。A站1道停有计划11：25开往B站的列车11022次，B站4道停有计划11：33开往A站的列车26052次，两站内其他股道均空闲，区间图定运行时间14分钟，两站均有影响进路的调车作业，请A、B两站分别办理这两趟列车的接发车作业。

2. A—B为双线双向自动闭塞区间，两站均配有信号员。A站开往B站为下行方向，B站开往A站为上行方向。A站3道停有计划3：16开往B站的列车X183次，B站4道停有计划3：30开往A站的列车51062次，两站内其他股道均空闲，区间图定运行时间9分钟，A站有影响进路的调车作业，请A、B两站分别办理这两趟列车的接发车作业。

3. A—B为双线双向自动闭塞区间，两站均配有信号员，A站开往B站为下行方向，B站开往A站为上行方向。A站3道停有计划11：52开往B站的列车45037次，B站2道停有计划11：28开往A站的列车K1352次，两站内其他股道均空闲，区间图定运行时间12分钟，B站有影响进路的调车作业，请A、B两站分别办理这两趟列车的接发车作业。

【学习过程】

1. 根据已学的内容及所查资料，简述双线自动闭塞区段在进行接发列车工作时与单线半自动闭塞区段有哪些不一样？并将不同点一一列举。

2. 下图分别代表什么信号？在什么条件下才能显示该信号？

续 表

班级：	姓名：	学号：	小组：	参考学时：12 学时

3. 请填记本任务中的行车日志（部分）。

到达												出发													
列车车次	接车股道	时分				占用区间凭证号码	电话记录号码					列车车次	发车股道	时分				列车编组		占用区间凭证号码	电话记录号码				
		同意邻站发车	邻站发车	本站到达			承认闭塞	列车到达补机返回	取消闭塞	出站（跟踪）调车	出站（跟踪）调车完毕			邻站同意发车	本站到达		邻站到达	换长	总重（吨）		承认闭塞	列车到达补机返回	取消闭塞	出站（跟踪）调车	出站（跟踪）调车完毕
				规定	实用										规定	实际									
1	2	3	4	5	6	7	8	9	10	11	12	13	14	15	16	17	18	19	20	21	22	23	24	25	26

4. 在本任务中执行的接发列车作业标准有哪些？请以 4 人小组为单位按照标准及所附的程序表完成“任务描述”中的题目演练。

5. 经过一段时间的训练，请简述在正常情况下接车作业和发车作业中哪些事项需要重点关注？

续　表

班级：	姓名：	学号：	小组：	参考学时：12 学时

【任务总结】

1. 掌握了哪些技能（知识）：________________

____

2. 新的体会及经验教训：________________

____

3. 是否完成了预先制订的目标：________________

4. 其他收获：________________

一、双线自动闭塞集中联锁（设信号员）接车（通过）作业程序

作业程序		岗位作业技术要求			其他事项
程序	项目	车站值班员	信号员	助理值班员	
一 接受预告	1 接受发车预告	（1）接受发车站预告并复诵：“×（次）预告”。接发特快、快速、临客、普通旅客列车及电力列车时，车次前分别冠有“客车特”“客车快”“客车临”“客车”“电力”用语			
		（2）填写《行车日志》。单机挂车辆数、尾部车号、超长××、列尾故障或去失时尾部车号记人记事栏内			

续　表

作业程序		岗位作业技术要求			其他事项
程序	项目	车站值班员	信号员	助理值班员	
一 接受预告	2 准备接车	（3）按列车运行计划核对车次、时刻、命令、指示，必要时与列车调度员联系。联系列车待避、会让及通过事宜。遇有作业列车询问列车编组数量，通知有关作业人员			
		（4）确定接车线 ①将旅客（超限及重点）列车接入固定线路 ②掌握站内接发客车、超限及重点列车到发线用途 ③与列车调度员核对，掌握列车性质，确定接车线 ④超限及重点列车通知接车站列车性质	（1）掌握站内接发客车、超限及重点列车到发线用途 （2）对值班员确定的接车线再次核对	（1）掌握站内接发客车、超限及重点列车到发线用途 （2）对值班员确定的接车线再次核对。（助理值班员在室外作业时除外）	
		（5）通知信号员："×（次）预告"，并听取复诵	（3）复诵："×（次）预告"		
二 开放信号	3 确认接车线	（6）复诵发车站开车通知："×（次），×（点）×（分）开（通过）"		（3）与车站值班员核对调度命令内容，确认正确后方可交付。（助理值班员在室外作业时除外）	
		（7）填写《行车日志》。遇有超长、超限列车，单机挂车及列尾装置灯光熄灭的列车应及时记入《行车日志》			（1）按规定接收、核对调度命令：接收调度命令先核对后签收，审核时要认真细致；须经把关人员审核的调度命令，审核正确后方可交付

续　表

作业程序		岗位作业技术要求			其他事项
程序	项目	车站值班员	信号员	助理值班员	
二 开放信号	3 确认接车线	(8) 通知信号员、助理值班员:“×(次)开过来(了),×道停车(通过或到开)”并听取复诵。遇电力机车牵引的列车,须通知信号员、助理值班员,车次前增加“电力”	(4) 复诵:“×(次)开过来(了),×道停车(通过或到开)”。并填写占线板。填记占线板时应在车次前标注“DL”字样	(4) 复诵:×(次)开过来(了),×道停车(通过或到开)”。并填写占线板。接发电力机车牵引的列车时,填记占线板时应在车次前标注“DL”字样	
		(9) 按《站细》规定通知有关人员			
		(10) 确认接车线路空闲			(2) 掌握本站接触网供电单元停电影响范围及行车限制条件
		(11) 通知信号员:“停止影响进路的调车作业”,并听取报告(无影响进路的调车作业时,此项作业省略)	(5) 复诵:“停止影响进路的调车作业”。确认停止后,向值班员报告:“影响进路的调车作业已停止”确认停调时机符合《站细》要求		(3) 严禁抢钩作业严格按《站细》规定时间停止影响进路的调车作业
	4 开放信号	(12)通知信号员:“×(次)×道停车(通过),开放信号”。听取复诵无误后,命令:“执行”	(6) 复诵:“×(次)×道停车(通过),开放信号”。操纵信号按钮严格执行“眼看、手指、口呼”的规定		(4) 发现信号开放错误应重新开放信号,如来不及时应使列车在站外停车,再重新开放信号
		(13)确认信号正确,应答:“×道进站信号好(了)”;通过时,应答:“×道进、出站信号好(了)”	(7) 开放进站信号,口呼:“进站”按下始端按钮;口呼:“×道”(正线通过时,口呼:“出站”)按下终端按钮。确认光带、信号显示正确,口呼:“信号好(了)”	(5) 与车站值班员核对命令内容,确认转交车次。使用列车无线调度通信设备转交命令时,对命令重点内容进行监听	(5) 发生错交、漏交命令危及行车安全时立即喊停列车

续　表

作业程序		岗位作业技术要求			其他事项
程序	项目	车站值班员	信号员	助理值班员	
三 接车	5 列车接近	(14) 当列车接近车站，听到司机呼叫：“××站××次接近”回答用语：(与司机联控前确认进、出站信号好后再联控)。“××次××站×道停车(通过)”	(8) 通过控制台监视信号及进路表示		(6) 原规定通过的旅客列车由正线变更为到发线接车及特快旅客列车遇特殊情况必须变更基本进路时，须经列车调度员准许，并预告司机；如来不及预告时，应使列车在站外停车后开放信号机，再接入站内
		(15) 再次确认信号开放正确后，应答：“×（次）接近”	(9) 第二（三）接近铃响、光带变红，再次确认信号开放正确，口呼：“×（次）接近”		
		(16) 通知助理值班员：“×（次）接近，×道接车”并听取复诵。如为单机挂车或列尾故障、丢失时一并通知，并听取复诵。(助理值班员在室外作业时，利用列车无线调度通信设备通知)		(6) 复诵:“×（次）接近，×道接车”	
	6 接送列车			(7) 到《站细》规定地点接车。接通过列车时，眼看、手指出站信号，确认信号开放正确，口呼:“×道出站信号好(了)”	(7) 接停车列车执行两个面向；接通过列车执行三个面向

续　表

作业程序		岗位作业技术要求			其他事项
程序	项目	车站值班员	信号员	助理值班员	
四 列车到达（通过）	7 列车到达（通过）		（10）通过控制台监视进路、信号及列车进（出）站	（8）监视列车进站，在列车停妥后返回。通过列车，在列车尾部越过接车地点，确认列车尾部标志，按规定显示互检信号后返回。认真监视列车运行及货物装载状态，发现危及行车安全时，立即采取措施	
		（17）应答：“好（了）”	（11）通过控制台确认列车整列进入（通过）接车线，口呼：“×（次）到达（通过）”		
		（18）对通过列车通知接车站：“×（次）×（点）×（分）通过”。并听取复诵			（8）遇有超长、超限列车，单机挂车及列尾装置灯光熄灭的列车，应通知接车站
		（19）填写《行车日志》	（12）对通过列车擦掉占线板记	（9）对通过列车擦掉占线板记载	
	8 报点	（20）向列车调度员报点：“×站报点，×（次），×（点）×（分）到（通过）”。使用计算机系统报点时，通过系统报点			

二、双线自动闭塞集中联锁（设信号员）发车作业程序

<table>
<tr><th colspan="2">作业程序</th><th colspan="3">岗位作业技术要求</th><th rowspan="2">其他事项</th></tr>
<tr><th>程序</th><th>项目</th><th>车站值班员</th><th>信号员</th><th>助理值班员</th></tr>
<tr><td rowspan="2">一
发车预告</td><td rowspan="2">1
发车预告</td><td>（1）向接车站发出：“×次预告”并听取复诵。发出特快、快速、临客、普通旅客列车时，车次前分别冠有“客车特”“客车快”“客车临”“客车”用语。遇有电力机车牵引的列车，超长、超限列车，单机挂车及列尾装置灯光熄灭的列车，应通知接车站。用语为：“电力×次预告（超长、超限、单机挂车×辆、列尾装置灯光熄灭）”</td><td>（1）对办理预告作业程序进行互控</td><td></td><td></td></tr>
<tr><td>（2）填写《行车日志》。单机挂车辆数、超长××、列尾故障或丢失时尾部车号记入记事栏内</td><td></td><td></td><td></td></tr>
<tr><td>二
开放信号</td><td>2
开放信号</td><td>（3）通知信号员：“停止影响进路的调车作业”，并听取报告严格按《站细》规定时间停止影响进路的调车作业。（无影响进路的调车作业时，此项作业省略）</td><td>（2）复诵：“停止影响进路的调车作业”。确认停止后，向值班员报告：“影响进路的调车作业已停止”。①确认停调时机符合《站细》要求。②发现未按规定停调及时提醒</td><td></td><td></td></tr>
</table>

续 表

作业程序		岗位作业技术要求			其他事项
程序	项目	车站值班员	信号员	助理值班员	
二 开放信号	2 开放信号	(4) 通知信号员（长）：“×（次）×道发车，开放信号”，并听取复诵无误后，命令：“执行”。①车站值班员下达开放信号的命令时应讲清车次、方向。②对信号员排列进路进行确认。③车站值班员发车联控用语中增加“去××方向”	(3) 复诵：“×（次）、×道发车，开放信号”。信号员排列进路前应确认车次、方向		(1) 发现错办发车方向，如出站信号已开放而列车尚未启动，应按规定取消发车进路。如列车已经启动应立即喊停列车
		(5) 确认信号正确，应答：“×道出站信号好（了）”。①对信号员排列的列车及调车进路进行确认。②信号开放后，做到不间断监视信号及进路表示	(4) 开放出站信号，口呼：“×道”按下始端按钮；口呼：“出站”，按下终端按钮；确认光带、信号显示正确，口呼：“信号好（了）”。信号开放后，做到不间断监视信号及进路表示	(1) 确认信号开放正确。发车前再次确认信号开放正确。（助理值班员在室外作业时除外）	(2) 掌握本站接触网供电单元停电影响范围及行车限制条件
	3 准备发车	(6) 与司机联控：“××（次）×道出站信号好（了）”。并听取列车司机应答。列车司机应答用语：“××（次）×道出站信号好（了），司机明白”			
		(7) 通知助理值班员：“×（次）、×道发车”，并听取复诵。助理值班员在室外时，使用列车无线调度通信设备通知助理值班员：“×站外勤×（次）×道发车”		(2) 复诵：“×（次）、×道发车”。与车站值班员核对命令内容，确认转交车次	(3) 发生错交、漏交命令危及行车安全时立即喊停列车

续 表

作业程序		岗位作业技术要求			其他事项
程序	项目	车站值班员	信号员	助理值班员	
二 开放信号	4 确认发车条件		(5) 通过控制台监视信号及进路表示	(3) 发车前，眼看、手指出站信号，确认信号开放正确，口呼："×道出站信号好（了）"	
		(8) 发车前须确认出站信号已开放、行车凭证及调度命令已交付方可通知发车		(4) 确认旅客上下、行包装卸，列检作业完了。确认有关命令已交付。单机挂车，确认列车辆数、尾部车号、软管吊起，并进行制动机简略试验。 ①发车前须确认出站信号已开放、行车凭证及调度命令已交付、旅客上下、行包装卸和列检作业完了，方可指示发车或发车 ②发车前严格执行确认出站信号"三合一"制度	(4) 发车条件不具备显示发车信号，列车尚未启动时应及时通知司机，列车已经启动应通知司机立即停车
	5 指示发车			(5) 按规定站在适当地点，显示发车信号或向运转车长显示发车指示信号并应依式中转发车信号。（使用列车无线调度通信设备发车时除外）	

续　表

作业程序		岗位作业技术要求			其他事项
程序	项目	车站值班员	信号员	助理值班员	
三　监示列车	6　监视列车	(9) 列车启动，通知接车站：“×（次）×（点）×（分）开”。并听取复诵			
		(10) 填写《行车日志》	(6) 通过控制台确认列车整列出站口呼：“×（次）出站”	(6) 监视列车，于列车尾部越过发车地点，确认列车尾部标志，按规定显示互检信号后返回	
		(11) 应答：“好（了）”	(7) 擦掉占线板记载	(7) 擦掉占线板记载	
	7　报点	(12) 向列车调度员报点：“×站报点，×（次）×（点）×（分）开。”使用计算机系统报点时，通过系统报点			

项目二　行车设备故障接发列车作业

任务一　进站信号机故障接车作业

学生工作页（2-1）

<table>
<tr><td colspan="2">班级：</td><td>姓名：</td><td>学号：</td><td>小组：</td><td>参考学时：10 学时</td></tr>
<tr><td rowspan="3">学习目标</td><td>能力目标</td><td colspan="4">作为一名车站值班员能够处理进站信号机故障情况下的接发列车作业，并能执行相应的作业标准</td></tr>
<tr><td>知识目标</td><td colspan="4">进站（接车进路）信号机灭灯接车方法，进站（接车进路）信号机故障，能显示红色灯光不能显示进行信号接车方法</td></tr>
<tr><td>素质目标</td><td colspan="4">逐渐培养学生认真、细致的工作作风以及遇突发情况随机应变的能力</td></tr>
</table>

【任务描述】

子任务一

1. 线路占用及设备状态

①A—B 为单线半自动闭塞区间，两站均配有信号员，A 站开往 B 站为下行方向，B 站开往 A 站为上行方向。A 站 3 道停有计划 12：53 开往 B 站的列车 Z69 次，B 站 2 道停有列车 85002 次。

②站内设备正常，道岔均在定位。

2. 行车作业情况

①办理 B 站 Z69 次列车到达作业。

②B 站有影响进路的调车作业。

③区间图定运行时间 14 分钟。

3. 故障设置

B 站车站值班员在命令信号员开放 Z69 次进站信号时，进站信号机允许灯泡灯丝“双断丝”。设备故障在列车整列到达后恢复。

子任务二

1. 线路占用及设备状态

①A—B 为双线双向自动闭塞区间，两站均配有信号员，A 站开往 B 站为下行方向，B 站开往 A 站为上行方向。A 站 1 道停有开往 B 站的列车 45031 次，B 站 Ⅱ 道停有计划 21：20 开往 A 站的列车 35002 次。

②站内设备正常，道岔均在定位。

续　表

班级：	姓名：	学号：	小组：	参考学时：10学时

2. 行车作业情况

①办理A站35002次列车到达作业。

②区间图定运行时间11分钟。

3. 故障设置

A站车站值班员在命令信号员开放35002次进站信号时，进站信号机允许灯泡灯丝“双断丝”。设备故障在列车整列到达后恢复。

【学习过程】

1. 根据已学的内容及所查资料，进站信号机故障现象可以归纳为几种情况？上述任务涉及的是哪一种？

2. 车站发现设备故障的通知顺序是？

3. 以下是在这种非正常情况下接车的关键环节，你认为这些环节的要点内容是什么？

①闭塞方法：

②准备进路方式：

③进路锁闭：

④接车方式：

4. 列车进站停稳后进路的解锁应该如何办理？

5. 在这几个任务中涉及的接发列车作业标准都有哪些？请以4人小组为单位按照标准及所附的程序表完成“任务描述”中的题目的演练。

续 表

班级：	姓名：	学号：	小组：	参考学时：10学时

【任务总结】

1. 掌握了哪些技能（知识）：________________

____

2. 新的体会及经验教训：________________

____

3. 是否完成了预先制订的目标：________________

4. 其他收获：________________

一、单线半自动闭塞集中联锁（设信号员）进站信号机故障接车（通过）作业

作业程序		岗位作业技术要求			其他事项
程序	项目	车站值班员	信号员	助理值班员	
一 报告通知	1 确认设备故障	(1) 通过控制台确认×进站信号机故障，向列车调度员汇报	(1) 发现进站信号机故障，报告车站值班员：“×进站信号机故障”		
	2 通知有关部门	(2) 通知车站值班干部：“×进站信号机故障，到行车室把关”。通知电务部门：“×进站信号机故障，检查处理”			(1) 装有“故障通知按钮”的车站，应同时按压“故障通知按钮”
	3 登记现象	(3) 在《行车设备检查登记簿》内登记故障现象			
	4 确认签认	(4) 确认电务部门在《行车设备检查登记簿》内停用信号范围的签认			

续　表

作业程序		岗位作业技术要求			其他事项
程序	项目	车站值班员	信号员	助理值班员	
一 报告通知	5 报告设备情况	(5) 向列车调度员报告设备情况，申请、抄收引导（手）信号接车的调度命令，并复诵、核对			
二 承认闭塞	6 确认区产空闲	(6) 听取发车站请求闭塞			
		(7) 根据《行车日志》及各种行车表示牌，确认区间空闲，口呼：“区间空闲”			
		(8) 按列车运行计划核对车次、时刻、命令、指示			
	7 办理闭塞手续	(9) 同意闭塞：“同意×（次）闭塞”			(2) 列车闭塞后，按《站细》规定通知有关人员
		(10) 通知信号员（长）：“办理×（次）闭塞”，并听取复诵	(2) 复诵：“办理×（次）闭塞”		
		(11) 应答：“×（次）闭塞好（了）”	(3) 一听铃响、二看黄灯、三按闭塞按钮、四确认绿色灯光，口呼：“×（次）闭塞好（了）”		
		(12) 填写《行车日志》			(3) 使用计算机报点系统时，填记电子《行车日志》
		(13) 必要时与列车调度员核对车次，了解列车停、通、会作业时间等			
		(14) 确定接车线			
		(15) 通知信号员（长）、助理值班员：“×（次）、×道停车（通过或到开）”，并听取复诵	(4) 复诵：“×（次）、×道停车（通过或到开）”，并填写占线板（簿）	(1) 复诵：“×（次）、×道停车（通过或到开）”，并填写占线板（簿）	

续　表

作业程序		岗位作业技术要求			其他事项
程序	项目	车站值班员	信号员	助理值班员	
三 准备进路	8 听取开车通知	(16) 复诵发车站开车通知：“×（次）、（×点）×（分）开（通过）”			
		(17) 填写《行车日志》			(4) 使用计算机报点系统时，填记电子《行车日记》
		(18) 通知信号员（长）、助理值班员：“×（次）开过来（了）”，并听取复诵	(5) 复诵：“×（次）开过来（了）”	(2) 复诵：“×（次）开过来（了）”	
		(19) 按《站细》规定通知有关人员			
	9 确认接车线	(20) 确认接车线路空闲，口呼：“×道空闲”			
		(21) 通知信号员（长）：“停止影响×道进路的调车作业”，并听取复诵	(6) 复诵：“停止影响×道进路的调车作业”		(5) 停止调车作业时机，按《站细》规定。无影响进路的调车作业时，此项作业省略
		(22) 应答：“好（了）”	(7) 确认停止后，报告：“影响×道进路的调车作业已停止”		
	10 准备进路	(23) 通知信号员（长）：“×（次）、×道停车（通过），准备进路”。听取复诵无误后，命令：“执行”	(8) 复诵：“×（次）、×道停车（通过），准备进路”		
		(24) 通过控制台确认进路显示正确，应答：“×道接车进路好（了）”	(9) 调车进路、单操道岔准备进路，确认进路准备妥当后，口呼：“×道接车进路好（了）”		
		(25) 通知信号员（长）：“确认×道进路”。听取复诵无误后，命令：“执行”	(10) 复诵：“确认×道进路”		
		(26) 听取信号员（长）报告后，应答：“好（了）”	(11) 再次确认进路正确，报告：“×道进路确认好（了）”		

续　表

作业程序		岗位作业技术要求			其他事项
程序	项目	车站值班员	信号员	助理值班员	
四 开放信号	11 开放引导信号	（27）向司机传达（核对）引导接车的调度命令			
		（28）通知信号员（长）：“×（次）、×道停车（通过），开放引导信号”。听取复诵无误后，命令：“执行”	（12）复诵：“×（次）、×道停车（通过），开放引导信号”		（6）破封使用×引导按钮，在《行车设备检查登记簿》内登记，使用后及时通知电务部门。引导手信号接车时，为通知引导员接车
		（29）确认信号正确，应答：“×道引导信号好（了）”	（13）开放引导信号，口呼：“引导”，按下引导按钮。确认光带、信号显示正确后，口呼：“信号好（了）”		（7）列车通过时，应办理有关发车作业程序
	12 执行联控	（30）执行车机联控，“××（次）××（站）引导接车，×道停车（通过），注意引导（手）信号”			
五 接车	13 接送列车		（14）通过控制台监视信号及进路表示		
		（31）再次确认信号正确，应答：“×（次）接近”	（15）接近铃响，光带（表示灯）变红，再次确认信号开放正确，口呼：“×（次）接近”		（8）计算机联锁设备的接近铃响为语音提示
		（32）通知助理值班员：“×（次）接近，×道接车”，并听取复诵		（3）复诵：“×（次）接近，×道接车”	（9）动车组、特快旅客列车的通知接车时机，按《站细》规定

续　表

作业程序		岗位作业技术要求			其他事项
程序	项目	车站值班员	信号员	助理值班员	
五 接车	13 接送列车			（4）到《站细》规定地点接车。接通过列车时，眼看、手指出站信号，确认信号开放正确；口呼："×道出站信号好（了）"	
			（16）通过控制台监视进路、信号及列车进（出）站	（5）监视列车进站，于列车停妥后返回。通过列车，于列车尾部越过接车地点，确认列车尾部标志，按规定显示互检信号后返回	
六 列车到达（通过）	14 列车到达（通过）	（33）应答："好（了）"	（17）通过控制台确认列车整列进入（通过）接车线，口呼："×（次）到达（通过）"	（6）对通过列车擦（画）掉占线板（簿）记载	
		（34）对通过列车通知接车站："×（次），×（点）×（分）通过"，并听取复诵	（18）对通过列车擦（画）掉占线板（簿）记载		
		（35）填写《行车日志》			（10）使用计算机报点系统时，填记电子《行车日志》

续　表

作业程序		岗位作业技术要求			其他事项
程序	项目	车站值班员	信号员	助理值班员	
六 列车到达（通过）	15 解锁进路	（36）通知信号员（长）："解锁进路"，并听取复诵	（19）复诵："解锁进路"		（1）破封×总人工解锁按钮解锁进路，在《行车设备检查登记簿》内登记，使用后及时通知电务部门
		（37）应答："好（了）"	（20）同时按下总人工解锁按钮和进路始端按钮（引导按钮），确认进路解锁后，口呼："解锁好（了）"		
	16 报点	（38）通知发车站："×（次）、（×点）×（分）到"，并听取复诵			
	17 申请使用故障按钮	（39）向列车调度员报点："×（站）报点，×（次），×（点）×（分）到（通过）"。请求、抄收使用故障按钮的调度命令，并复诵、核对。并与发车站核对			（12）使用计算机报点系统时，通过系统报点
		（40）在《行车设备检查登记簿》内登记，破封使用故障按钮			（13）破除铅封后，应及时通知电务部门补封

续　表

作业程序		岗位作业技术要求			其他事项
程序	项目	车站值班员	信号员	助理值班员	
六 列车到达（通过）	18 开通区间	（41）通知信号员："调度命令×号，办理×（站）区间故障复原"，并听取复诵无误后，命令："执行"	（21）复诵："调度命令×号，办理×（站）区间故障复原"		
		（42）应答："好（了）"	（22）破除故障按钮铅封，按下（拉出、点击）故障按钮，确认灯光熄灭，口呼："×（站）区间开通"		
	19 确认签认	（43）与发车站确认闭塞设备复原			
		（44）确认设备正常使用的签认，试验良好后，向列车调度员汇报，恢复正常行车			

二、双线自动闭塞集中联锁（设信号员）进站信号机故障接车（通过）作业

作业程序		岗位作业技术要求			其他事项
程序	项目	车站值班员	信号员	助理值班员	
一 报告通知	1 确认设备故障	（1）通过控制台确认×进站信号机故障，向列车调度员汇报	（1）发现进站信号机故障，报告车站值班员："×进站信号机故障"		

续　表

作业程序		岗位作业技术要求			其他事项
程序	项目	车站值班员	信号员	助理值班员	
一 报告通知	2 通知有关部门	(2) 通知车站值班干部："×进站信号机故障，到行车室把关"			
		(3) 通知电务部门："×进站信号机故障，检查处理"			(1)装有"故障通知按钮"的车站，应同时按压"故障通知按钮"
	3 登记现象	(4) 在《行车设备检查登记簿》内登记故障现象			
	4 确认签认	(5) 确认电务部门在《行车设备检查登记簿》内停用信号范围的签认			
	5 报告设施情况	(6) 向列车调度员报告设备情况，申请、抄收引导(手)信号接车的调度命令，并复诵、核对			
二 接受预告	6 授受发车预告	(7) 接受发车站预告并复诵："×(次)预告"			(2) 列车预告后，按《站细》规定通知有关人员
		(8) 填写《行车日志》			(3) 使用计算机报点系统时，填记电子《行车日志》
	7 准备接车	(9) 按列车运行计划核对车次、时刻、命令、指示，必要时与列车调度员联系			
		(10) 确定接车线			

续　表

作业程序		岗位作业技术要求			其他事项
程序	项目	车站值班员	信号员	助理值班员	
二 接受预告	7 准备接车	(11) 通知信号员（长）：“×（次）预告”，并听取复诵	(2) 复诵：“×（次）预告”		
三 开放信号	8 确认接车线	(12) 复诵发车站开车通知：“×（次），×（点）×（分）开（通过）”			
		(13) 填写《行车日志》			(4) 使用计算机报点系统时，填记电子《行车日志》
		(14) 通知信号员（长）、助理值班员：“×（次）开过来（了），×道停车（通过或到开）”，并听取复诵	(3) 复诵：“×（次）开过来（了），×道停车（通过或到开）”，并填写占线板（簿）	(1) 复诵：“×（次）开过来（了），×道停车（通过或到开）”，并填写占线板（簿）	
		(15) 按《站细》规定通知有关人员			
		(16) 确认接车线路空闲，口呼：“×道空闲”			
	9 准备进路	(17) 通知信号员（长）：“停止影响×道进路的调车作业”，并听取复诵	(4) 复诵：“停止影响×道进路的调车作业”		(5) 停止调车作业时机，按《站细》规定。无影响进路的调车作业时，此项作业省略
		(18) 应答：“好（了）”	(5) 确认停止后，报告：“影响×道进路的调车作业已停止”		
		(19) 通知信号员（长）：“×（次）、×道停车（通过），准备进路”。听取复诵无误后，命令：“执行”	(6) 复诵：“×（次）、×道停车（通过），准备进路”		

续　表

作业程序		岗位作业技术要求			其他事项
程序	项目	车站值班员	信号员	助理值班员	
三 开放信号	9 准备进路	(20) 通过控制台确认进路显示正确，应答:“×道接车进路好（了）”	(7) 调车进路、单操道岔准备进路，确认进路准备妥当后，口呼:“×道接车进路好（了）”		(6) 遇有超长超限列车，单机挂车及列尾装置灯光熄灭的列车，应通知接车站
		(21) 通知信号员、(长):“确认×道进路”。听取复诵无误后，命令:“执行”	(8) 复诵:“确认×道进路”		
		(22) 听取信号员（长）报告后，应答:“好（了）”	(9) 再次确认进路正确，报告:“×道进路确认好（了）”		
	10 开放引导信号	(23) 向司机传达（核对）引导（手）信号接车的调度命令			
		(24) 通知信号员（长）:“×（次）、×道停车（通过），开放引导信号”。听取复诵无误后，命令:“执行”	(10) 复诵:“×（次）、×道停车（通过），开放引导信号”		(7) 破封使用×引导按钮，在《行车设备检查登记簿》内登记，使用后及时通知电务部门。引导手信号接车时，为通知引导员接车
		(25) 确认信号正确，应答:“×道引导信号好（了）”	(11) 开放引导信号，口呼:“引导”，按下引导按钮。确认光带、信号显示正确后，口呼:“信号好（了）”		(8) 列车通过时，应办理有关发车作业程序

续 表

<table>
<tr><th colspan="2">作业程序</th><th colspan="3">岗位作业技术要求</th><th rowspan="2">其他事项</th></tr>
<tr><th>程序</th><th>项目</th><th>车站值班员</th><th>信号员</th><th>助理值班员</th></tr>
<tr><td rowspan="4">四 接车</td><td>11 执行联控</td><td>（26）执行车机联控，“××（次）××（站）引导接车，×道停车（通过），注意引导（手）信号”</td><td></td><td></td><td></td></tr>
<tr><td rowspan="3">12 列车接近</td><td></td><td>（12）通过控制台监视信号及进路表示</td><td></td><td></td></tr>
<tr><td>（27）再次确认信号正确，应答：“×（次）接近”</td><td>（13）第二（三）接近铃响、光带变红，再次确认信号开放正确，口呼：“×（次）接近”</td><td></td><td>（9）计算机联锁设备的接近铃响为语音提示</td></tr>
<tr><td>（28）通知助理值班员：“×（次）接近，×道接车”，并听取复诵</td><td></td><td>（2）复诵：“×（次）接近，×道接车”</td><td>（10）动车组、特快旅客列车的通知接车时机，按《站细》规定</td></tr>
<tr><td rowspan="3">五 列车到达（通过）</td><td>13 接送列车</td><td></td><td></td><td>（3）到《站细》规定地点接车。接通过列车时，眼看、手指出站信号，确认信号开放正确，口呼：“×道出站信号好（了）”</td><td></td></tr>
<tr><td rowspan="2">14 列车到达（通过）</td><td></td><td>（14）通过控制台监视进路、信号及列车进（出）站</td><td>（4）监视列车进站，于列车停妥后返回。通过列车，于列车尾部越过接车地点，确认列车尾部标志，按规定显示互检信号后返回</td><td></td></tr>
<tr><td>（29）应答：“好（了）”</td><td>（15）通过控制台确认列车整列进入（通过）接车线，口呼：“×（次）到达（通过）”</td><td></td><td></td></tr>
</table>

续　表

作业程序		岗位作业技术要求			其他事项
程序	项目	车站值班员	信号员	助理值班员	
五 列车到达（通过）	14 列车到达（通过）	(30) 对通过列车通知接车站:“×（次），×（点）×（分）通过”，并听取复诵			
		(31) 填写《行车日志》，通知发车站“×（次）×（点）×（分）到”	(16) 对通过列车擦（画）掉占线板（簿）记载	(5) 对通过列车擦（画）掉占线板（簿）记载	(11) 使用计算机报点系统时，填记电子《行车日志》
	15 解锁进路	(32) 通知信号员（长）:“解锁进路”，并听取复诵	(17) 复诵:“解锁进路”		(12) 破封×总人工解锁按钮解锁进路，在《行车设备检查登记簿》内登记，使用后及时通知电务部门
		(33) 应答:“好（了）”	(18) 同时按下总人工解锁按钮和进路始端按钮（引导按钮），确认进路解锁后，口呼:“解锁好（了）”		
	16 报点	(34) 向列车调度员报点:“×（站）报点，×（次），×（点）×（分）到（通过）”			(13) 使用计算机报点系统时，通过系统报点
六 设备恢复	17 确认签认	(35) 确认设备正常使用的签认，试验良好后，向列车调度员汇报，恢复正常行车			

任务二　道岔或轨道电路故障接车作业

学生工作页（2－2）

班级：		姓名：	学号：	小组：	参考学时：10 学时
学习目标	能力目标	作为一名车站值班员，能够处理道岔或轨道电路故障的情况并能执行相应的作业标准			
	知识目标	轨道电路故障时接车方法，道岔失去表示时接车方法			
	素质目标	逐渐培养学生认真、细致的工作作风以及遇突发情况随机应变的能力			

【任务描述】

子任务一

1. 线路占用及设备状态

①A—B 为单线半自动闭塞区间，两站均配有信号员，A 站开往 B 站为下行方向，B 站开往 A 站为上行方向。A 站 4 道停有计划 0：42 开往 B 站的列车 T177 次。

②站内设备正常，道岔均在定位。

2. 行车作业情况

①办理 B 站 T177 次列车到达作业。

②B 站有影响进路的调车作业。

③区间图定运行时间 13 分钟。

3. 故障设置

B 站车站值班员在布置进路时 13/15# 道岔失去定反位表示。设备故障在列车整列到达后恢复。

子任务二

1. 线路占用及设备状态

①A—B 为双线双向自动闭塞区间，两站均配有信号员，A 站开往 B 站为下行方向，B 站开往 A 站为上行方向。A 站 1 道停有列车 86001 次，B 站 3 道停有计划 9：45 开往 A 站的列车 7554 次。

②站内设备正常，道岔均在定位。

2. 行车作业情况

①办理 A 站 7554 次列车到达作业。

②区间图定运行时间 12 分钟。

3. 故障设置

A 站车站值班员在布置进路时 10/12# 道岔失去定反位表示。设备故障在列车整列到达后恢复。

续　表

班级：	姓名：	学号：	小组：	参考学时：10学时

子任务三

1. 线路占用及设备状态

①A—B为单线半自动闭塞区间，两站均配有信号员，A站开往B站为下行方向，B站开往A站为上行方向。A站3道停有计划1：11开往B站的列车10001次，B站2道停有列车87352次。

②站内设备正常，21#道岔在反位，其他道岔均在定位。

2. 行车作业情况

①办理B站10001次列车到达作业。

②B站有影响进路的调车作业。

③区间图定运行时间10分钟。

3. 故障设置

B站车站值班员在布置进路时7DG出现红光带不灭。设备故障在列车整列到达后恢复。

子任务四

1. 线路占用及设备状态

①A—B为双线双向自动闭塞区间，两站均配有信号员，A站开往B站为下行方向，B站开往A站为上行方向。A站1道停有列车45031次，B站2道停有计划14：59开往A站的列车L316次。

②站内设备正常，道岔均在定位。

2. 行车作业情况

①办理A站L316次列车到达作业。

②区间图定运行时间15分钟。

3. 故障设置

A站车站值班员在布置进路时10—16DG出现红光带不灭。设备故障在列车整列到达后恢复。

【学习过程】

1. 道岔故障分为哪几种？简述每种故障的表现。轨道电路故障分为哪几种？简述每种故障的表现。并判断上述任务属于哪种情况。

2. 以下是子任务一、二中非正常情况下接车的关键环节，你认为这些环节的要点内容是什么？

①闭塞方法：

②准备进路方式：

续　表

班级：	姓名：	学号：	小组：	参考学时：10 学时

③进路锁闭：

④接车方式：

3. 以下是子任务三、四中非正常情况下接车的关键环节，你认为这些环节的要点内容是什么？

①闭塞方法：

②准备进路方式：

③进路锁闭：

④接车方式：

4. 请为列车调度员拟发一份引导接车的调度命令。

调度命令

____年___月___日___时___分　第___号

受令处所		调度员姓名	
内　容			

（规格110mm×160mm）　　　　受令车站______车站值班员______

5. 在这几个任务中涉及的接发列车作业标准都有哪些？请以 4 人小组为单位按照标准及所附的程序表完成“任务描述”中的题目演练。

【任务总结】

1. 掌握了哪些技能（知识）：____________________

2. 新的体会及经验教训：____________________

3. 是否完成了预先制订的目标：____________________

4. 其他收获：____________________

一、单线半自动闭塞集中联锁（设信号员）道岔失去表示接车（通过）作业

作业程序		岗位作业技术要求				其他事项
程序	项目	车站值班员	信号员	助理值班员	扳道员	
一 报告通知	1 确认设备故障	(1) 通过控制台确认×道岔失去表示	(1) 发现接车进路上×道岔失去表示，报告车站值班员："×道岔失去表示"			
		(2) 通知扳道员："×道岔失去表示，现场检查"，并听取复诵			(1) 复诵："×道岔失去表示，现场检查"	
		(3) 听取报告后，应答："好（了）"			(2) 现场检查后，报告："×道岔开通直（曲）股、尖轨密贴于基本轨（心轨密贴于翼轨）、无障碍物"	
	2 报告列车调度员	(4) 报告列车调度员："×（站）×道岔失去表示"				
	3 通知有关部门	(5) 通知车站值班干部："×道岔失去表示，到行车室把关"。通知工务、电务部门："×道岔失去表示，检查处理"				(1) 装有"故障通知按钮"的车站，应同时按压"故障通知按钮"

续 表

作业程序		岗位作业技术要求				其他事项
程序	项目	车站值班员	信号员	助理值班员	扳道员	
一 报告通知	4 登记现象	（6）在《行车设备检查登记簿》内登记故障现象				
	5 确认签认	（7）确认工务部门在《行车设备检查登记簿》内工务设备正常使用的签认，确认电务停用的影响范围				
	6 申请引导命令	（8）向列车调度员报告设备情况，申请、抄收引导接车的调度命令，并复诵、核对				
二 承认闭塞	7 确认区间空闲	（9）听取发车站请求闭塞				
		（10）根据闭塞表示灯、《行车日志》及各种行车表示牌，确认区间空闲，口呼：“区间空闲”				
		（11）按列车运行计划核对车次、时刻、命令、指示				

续　表

作业程序		岗位作业技术要求				其他事项
程序	项目	车站值班员	信号员	助理值班员	扳道员	
二 承认闭塞	8 办理闭塞手续	(12) 同意闭塞："同意×（次）闭塞"				(2) 列车闭塞后，按《站细》规定通知有关人员
		(13) 通知信号员（长）："办理×(次) 闭塞"，并听取复诵	(2) 复诵："办理×（次）闭塞"			
		(14) 应答："×（次）闭塞好（了）"	(3) 一听铃响，二看黄灯，三按闭塞按钮，四确认绿色灯光，口呼："×（次）闭塞好（了）"			
		(15) 填写《行车日志》				(3) 使用计算机报点系统时，填记电子《行车日志》
		(16) 必要时与列车调度员核对车次，了解列车停、通、会作业时间等				
		(17) 确定接车线				
		(18) 通知信号员（长）、助理值班员及有关扳道员（长）："×号，×（次）、×道停车（通过或到开）"，并听取复诵	(4)复诵："×（次）、×道停车（通过或到开）"，并填写占线板（簿）	(1)复诵："×（次）、×道停车（通过或到开）"，并填写占线板（簿）	(3)复诵："×号，×(次)、×道停车（通过或到开）"	

续　表

<table>
<tr><th colspan="2">作业程序</th><th colspan="4">岗位作业技术要求</th><th rowspan="2">其他事项</th></tr>
<tr><th>程序</th><th>项目</th><th>车站值班员</th><th>信号员</th><th>助理值班员</th><th>扳道员</th></tr>
<tr><td rowspan="7">三
准备进路</td><td rowspan="4">9
听取开车通知</td><td>(19) 复诵发车站开车通知:“×(次)、(×点)×(分)开(通过)”</td><td></td><td></td><td></td><td></td></tr>
<tr><td>(20) 填写《行车日志》</td><td></td><td></td><td></td><td>(4) 使用计算机报点系统时，填记电子《行车日表》</td></tr>
<tr><td>(21) 通知信号员(长)、助理值班员及有关扳道员（长）:“×号，×（次）开过来（了）”，并听取复诵</td><td>(5) 复诵:“×（次）开过来（了）”</td><td>(2) 复诵:“×（次）开过来（了）”</td><td>(4) 复诵:“×号，×（次）开过来（了）”</td><td></td></tr>
<tr><td>(22) 按《站细》规定通知有关人员</td><td></td><td></td><td></td><td></td></tr>
<tr><td rowspan="3">10
确认接车线</td><td>(23) 确认接车线空闲，口呼:“×道空闲”</td><td></td><td></td><td></td><td></td></tr>
<tr><td>(24) 通知信号员(长):“停止影响×道进路的调车作业”，并听取报告</td><td>(6) 复诵:“停止影响×道进路的调车作业”</td><td></td><td></td><td rowspan="2">(5) 停止调车作业时机，按《站细》规定。无影响进路的调车作业时，此项作业省略</td></tr>
<tr><td>(25) 应答:“好(了)”</td><td>(7) 确认停止后，报告:“影响×道进路的调车作业已停止”</td><td></td><td></td></tr>
</table>

续　表

作业程序		岗位作业技术要求				其他事项
程序	项目	车站值班员	信号员	助理值班员	扳道员	
三 准备进路	11 准备进路	(26) 通知扳道员(长):“×号，×(次)、×道停车(通过)，准备×号道岔直(曲)股”。听取复诵无误后，命令:“执行”			(5) 复诵:“×号，×(次)、×道停车(通过)，准备×号道岔直(曲)股”	
					(6) 准确及时地准备进路，将故障道岔及邻线上的防护道岔加锁	(6) 手摇道岔听不到“咔嚓”声，以及18号及以上道岔，应通知工务钉闭
		(27) 听取扳道员(长)报告后，复诵:“×号，×号道岔准备好(了)，开通直(曲)股，加锁(钉闭)”			(7) 报告:“×号，×号道岔准备好(了)，开通直(曲)股、加锁(钉闭)”	
		(28) 通知信号员(长):“×(次)、×道停车(通过)，准备进路”。听取复诵无误后，命令:“执行”	(8) 复诵:“×(次)、×道停车(通过)，准备进路”			
		(29) 通过控制台确认进路显示正确，应答:“×道接车进路好(了)”	(9) 调车进路、单操道岔准备进路，并对失表道岔单锁，确认进路准备妥当后，口呼:“×道接车进路好(了)”			

续　表

作业程序		岗位作业技术要求				其他事项
程序	项目	车站值班员	信号员	助理值班员	扳道员	
三 准备进路	12 确认进路	（30）通知扳道员、（长）："×号，确认×号道岔位置"。听取复诵无误后，命令："执行"			（8）复诵："×号，确认×号道岔位置"	
		（31）听取扳道员（长）报告后，应答："好（了）"			（9）再次确认道岔位置正确，报告："×号，×号道岔确认好（了）"	
		（32）通知信号员、（长）："确认×道进路"。听取复诵无误后，命令："执行"	（10）复诵："确认×道进路"			
		（33）听取信号员（长）报告后，应答："好（了）"	（11）再次确认进路正确，报告："×道进路确认好（了）"			
四 开放信号	13 开放引导信号	（34）向司机传达（核对）引导接车的调度命令				
		（35）确认敌对进路未办理及敌对信号机未开放后，通知信号员（长）："×（次）、×道停车（通过），开放引导信号"。听取复诵无误后，命令："执行"	（12）复诵："×（次）、×道停车（通过），开放引导信号"			（7）破封使用×引导总锁闭按钮、×引导按钮，在《行车设备检查登记簿》内登记，使用后及时通知电务部门

续 表

<table>
<tr><th colspan="2">作业程序</th><th colspan="4">岗位作业技术要求</th><th rowspan="2">其他事项</th></tr>
<tr><th>程序</th><th>项目</th><th>车站值班员</th><th>信号员</th><th>助理值班员</th><th>扳道员</th></tr>
<tr><td rowspan="3">四 开放信号</td><td rowspan="2">13 开放引导信号</td><td></td><td>(13) 锁闭进路，口呼:“引导总锁闭”，按下按钮，确认锁闭表示灯亮白灯后，口呼:“锁闭好（了)”</td><td></td><td></td><td></td></tr>
<tr><td>(36) 确认信号正确，应答:“×道引导信号好（了)”</td><td>(14) 开放引导信号，口呼:“×引导”，按下引导按钮，确认信号显示正确后，口呼:“信号好（了)”</td><td></td><td></td><td>(8) 列车通过时，应办理有关发车作业程序</td></tr>
<tr><td>14 执行联控</td><td>(37) 执行车机联控,“××（次）××（站）引导接车，×道停车，注意引导信号”</td><td></td><td></td><td></td><td></td></tr>
<tr><td rowspan="3">五 接车</td><td rowspan="3">15 列车接近</td><td></td><td>(15) 通过控制台监视信号及进路表示</td><td></td><td></td><td></td></tr>
<tr><td>(38) 再次确认信号正确，应答:“×（次）接近”</td><td>(16) 接近铃响，光带（表示灯）变红，再次确认信号开放正确，口呼:“×（次）接近”</td><td></td><td></td><td>(9) 计算机联锁设备的接近铃响为语音提示</td></tr>
<tr><td>(39) 通知助理值班员、扳道员（长）:“×号，×（次）接近，×道接车”，并听取复诵</td><td></td><td>(3) 复诵:“×（次）接近，×道接车”</td><td></td><td>(10) 动车组、特快旅客列车的通知接车时机，按《站细》规定</td></tr>
</table>

续 表

作业程序		岗位作业技术要求				其他事项
程序	项目	车站值班员	信号员	助理值班员	扳道员	
五 接车	16 接送列车			（4）到《站细》规定地点接车。接通过列车时，眼看、手指出站信号，确认信号开放正确，口呼："×道出站信号好（了）"		
六 列车到达（通过）	17 列车到达（通过）		（17）通过控制台监视进路、信号及列车进（出）站	（5）监视列车进站，于列车停妥后返回。通过列车，于列车尾部越过接车地点，确认列车尾部标志，按规定显示互检信号后返回		
		（40）应答："好（了）"	（18）通过控制台确认列车整列进入（通过）接车线，口呼："×（次）到达（通过）"	（6）对通过列车擦（画）掉占线板（簿）记载		
		（41）对通过列车通知接车站："×（次），×（点）×（分）通过"，并听取复诵	（19）对通过列车擦（画）掉占线板（簿）记载			
		（42）填写《行车日志》				（11）使用计算机报点系统时，填记电子《行车日志》

续　表

作业程序 程序	作业程序 项目	车站值班员	信号员	助理值班员	扳道员	其他事项
六 列车到达（通过）	18 解锁进路	(43) 通知信号员、扳道员（长）："解锁进路"，并听取复诵	(20) 复诵："解锁进路"		(10) 复诵："解锁进路"	
		(44) 应答："好(了)"	(21) 复原总锁闭按钮，确认进路解锁后，汇报："解锁好（了）"		(11) 现场道岔人工解锁，汇报："解锁好（了）"	(12) 单锁道岔控制台解锁
	19 报点	(45) 通知发车站："×（次），×（点）×（分）到"，并听取复诵				
	20 使用故障按钮开通区间	(46) 向列车调度员报点："×（站）报点，×（次），（×点）×（分）到（通过）"。请求、抄收使用故障按钮的调度命令，并复诵、核对				(13) 使用计算机报点系统时，通过系统报点
		(47) 在《行车设备检查登记簿》内登记，破封使用故障按钮				(14) 破除铅封后，应及时通知电务部门补封
		(48) 通知信号员："调度命令×号，办理×（站）区间故障复原"，并听取复诵无误后，命令："执行"	(22) 复诵："调度命令×号，办理×（站）区间故障复原"			

续　表

作业程序		岗位作业技术要求				其他事项
程序	项目	车站值班员	信号员	助理值班员	扳道员	
六 列车到达（通过）	20 使用故障按钮开通区间	(49) 应答：“好(了)”	(23) 破除故障按钮铅封，按下（拉出、点击）故障按钮，确认灯光熄灭，口呼：“×（站）区间开通”			
		(50) 与发车站确认闭塞设备复原				
七 设备恢复	21 确认签认	(51) 确认设备正常使用的签认，试验良好后，向列车调度员汇报，恢复正常行车				

二、双线自动闭塞集中联锁（设信号员）道岔失去表示接车（通过）作业

作业程序		岗位作业技术要求				其他事项
程序	项目	车站值班员	信号员	助理值班员	扳道员	
一 报告通知	1 确认设备故障	(1) 通过控制台确认×道岔失去表示	(1) 发现接车进路上×道岔失去表示，报告车站值班员：“×道岔失去表示”			
		(2) 通知扳道员：“×道岔失去表示，现场检查”，并听取复诵			(1) 复诵：“×道岔失去表示，现场检查”	

续　表

作业程序		岗位作业技术要求				其他事项
程序	项目	车站值班员	信号员	助理值班员	扳道员	
一 报告通知	1 确认设备故障	(3) 听取报告后，应答："好（了）"			(2) 现场检查后，报告："×道岔开通直（曲）股、尖轨密贴于基本轨（心轨密贴于翼轨）、无障碍物"	
	2 报告列车调度员	(4) 报告列车调度员："×（站）×道岔失去表示"				
	3 通知有关部门	(5) 通知车站值班干部："×道岔失去表示，到行车室把关"。通知工务、电务部门："×道岔失去表示，检查处理"				(1)装有"故障通知按钮"的车站，应同时按压"故障通知按钮"
	4 登记现象	(6) 在《行车设备检查登记簿》内登记故障现象				
	5 确认签证	(7) 确认工务部门在《行车设备检查登记簿》内工务设备正常使用的签认，确认电务停用的影响范围				
	6 申请引导命令	(8) 向列车调度员报告设备情况，申请、抄收引导接车的调度命令，并复诵、核对				

续　表

作业程序		岗位作业技术要求				其他事项
程序	项目	车站值班员	信号员	助理值班员	扳道员	
二 接受预告	7 接受发车预告	(9) 接受发车站预告并复诵：“×（次）预告”				(2)列车预告后，按《站细》规定通知有关人员
		(10) 填写《行车日志》				(3) 使用计算机报点系统时，填记电子《行车日志》
	8 准备接车	(11) 按列车运行计划核对车次、时刻、命令、指示，必要时与列车调度员联系				
		(12) 确定接车线				
		(13) 通知信号员（长）：“×（次）预告”，并听取复诵	(2) 复诵：“×（次）预告”			
三 开放信号	9 确认接车线	(14) 复诵发车站开车通知：“×（次），×（点）×（分）开（通过）”				
		(15) 填写《行车日志》				(4) 使用计算机报点系统时，填记电子《行车日志》

续　表

作业程序		岗位作业技术要求				其他事项
程序	项目	车站值班员	信号员	助理值班员	扳道员	
三 开放信号	9 确认接车线	(16)通知信号员(长)、助理值班员及有关扳道员(长):“×号,×(次)开过来(了),×道停车(通过或到开)”,并听取复诵	(3)复诵:“×(次)开过来(了),×道停车(通过或到开)”,并填写占线板(簿)	(1)复诵:“×(次)开过来(了),×道停车(通过或到开)”,并填写占线板(簿)	(3)复诵:“×号,×(次)开过来(了),×道停车(通过或到开)”	
		(17)按《站细》规定通知有关人员				
		(18)确认接车线路空闲,口呼“×道空闲”				
	10 准备进路	(19)通知信号员(长):“停止影响×道进路的调车作业”,并听取报告	(4)复诵:“停止影响×道进路的调车作业”			(5)停止调车作业时机,按《站细》规定。无影响进路的调车作业时,此项作业省略
		(20)应答:“好(了)”	(5)确认停止后,报告:“影响×道进路的调车作业已停止”			
		(21)通知扳道员(长):“×号,×(次)、×道停车(通过),准备×号道岔直(曲)股”。听取复诵无误后,命令:“执行”			(4)复诵:“×号,×(次)、×道停车(通过),准备×号道岔直(曲)股”	

续　表

作业程序		岗位作业技术要求				其他事项
程序	项目	车站值班员	信号员	助理值班员	扳道员	
三 开放信号	10 准备进路				（5）正确及时地准备进路，将故障道岔及邻线上的防护道岔加锁	（6）手摇道岔听不到“咔嚓”声，以及18号及以上道岔，应通知工务钉闭
		（22）听取扳道员（长）报告后，复诵：“×号，×号道岔准备好（了），开通直（曲）股，加锁（钉闭）”			（6）报告：“×号，×号道岔准备好（了），开通直（曲）股、加锁（钉闭）”	
		（23）通知信号员（长）：“×（次）、×道停车（通过），准备进路”。听取复诵无误后，命令：“执行”	（6）复诵：“×（次）、×道停车（通过），准备进路”			
		（24）通过控制台确认进路显示正确，应答：“×道接车进路好（了）”	（7）调车进路、单操道岔准备进路，并对失表道岔单锁，确认进路准备妥当后，口呼：“×道接车进路好（了）”			
	11 确认进路	（25）通知扳道员、（长）：“×号，确认×号道岔位置”。听取复诵无误后，命令：“执行”			（7）复诵：“×号，确认×号道岔位置”	

续　表

作业程序		岗位作业技术要求				其他事项
程序	项目	车站值班员	信号员	助理值班员	扳道员	
三 开放信号	11 确认进路	(26) 听取扳道员(长)报告后，应答："好(了)"			(8) 再次确认道岔位置正确，报告："×号，×号道岔确认好(了)"	
		(27) 通知信号员、(长)："确认×道进路"。听取复诵无误后，命令："执行"	(8) 复诵："确认×道进路"			
		(28) 听取信号员(长)报告后，应答："好(了)"	(9) 再次确认进路正确，报告："×道进路确认好(了)"			
	12 开产引导信号	(29) 向司机传达(核对)引导接车的调度命令				
		(30) 确认敌对进路未办理及敌对信号机未开放后，通知信号员(长)："×(次)、×道停车(通过)，开放引导信号"。听取复诵无误后，命令："执行"	(10) 复诵："×(次)、×道停车(通过)，开放引导信号"			(7) 破封使用×引导总锁闭、×引导按钮，在《行车设备检查登记簿》内登记，使用后及时通知电务部门
			(11) 锁闭进路，口呼："引导总锁闭"，按下按钮，确认锁闭表示灯亮白灯后，口呼："锁闭好(了)"			

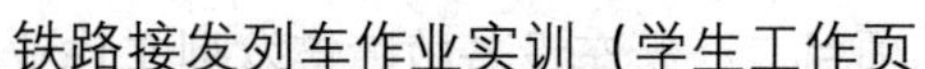

续 表

作业程序		岗位作业技术要求				其他事项
程序	项目	车站值班员	信号员	助理值班员	扳道员	
三 开放信号	12 开放引导信号	（31）确认信号正确，应答：“×道引导信号好（了）”	（12）开放引导信号，口呼：“×引导”，按下引导按钮，确认信号显示正确后，口呼：“信号好（了）”			（8）列车通过时，就办理有关发车作业程序
四 接车	13 执行联控	（32）执行车机联控，“××（次）××（站）引导接车，×道停车，注意引导信号”				
	14 列车接近		（13）通过控制台监视信号及进路表示			
		（33）再次确认信号正确，应答：“×（次）接近”	（14）第二（三）接近铃响、光带变红，再次确认信号开放正确，口呼：“×（次）接近”			（9）计算机联锁设备的接近铃响为语音提示
		（34）通知助理值班员：“×（次）接近，×道接车”，并听取复诵		（2）复诵：“×（次）接近，×道接车”		（10）动车组、特快旅客列车的通知接车时机，按《站细》规定
	15 接送列车			（3）到《站细》规定地点接车。接通过列车时，眼看、手指出站信号，确认信号开放正确，口呼：“×道出站信号好（了）”		

续 表

作业程序		岗位作业技术要求				其他事项
程序	项目	车站值班员	信号员	助理值班员	扳道员	
五 到达列车（通过）	16 列车到达（通过）		（15）通过控制台监视进路、信号及列车进（出）站	（4）监视列车进站，于列车停妥后返回。通过列车，于列车尾部越过接车地点，确认列车尾部标志，按规定显示互检信号后返回		
		（35）应答：“好（了）”	（16）通过控制台确认列车整列进入（通过）接车线，口呼：“×（次）到达（通过）”	（5）对通过列车擦（划）掉占线板（簿）记载		
		（36）对通过列车通知接车站：“×（次）、（×点）×（分）通过”，并听取复诵	（17）对通过列车擦（画）掉占线板（簿）记载			
		（37）填写《行车日志》				（11）使用计算机报点系统时，填记电子《行车日志》

续 表

作业程序		岗位作业技术要求				其他事项
程序	项目	车站值班员	信号员	助理值班员	扳道员	
五 到达列车（通过）	17 解锁进路	（38）通知信号员、扳道员（长）："解锁进路"，并听取复诵	（18）复诵："解锁进路"		（9）复诵："解锁进路"	
		（39）应答："好（了）"	（19）复原总锁闭按钮，确认进路解锁后，口呼："解锁好（了）"		（10）现场道岔人工解锁，口乎："解锁好（了）"	（12）单锁道岔控制台解锁
	18 报点	（40）向列车调度员报点："×（站）报点，×（次），×（点）×（分）到（通过）"				（13）使用计算机报点系统时，通过系统报点
六 设备恢复	19 确认签认	（41）对通过列车通知接车站："×（次），×（点）×（分）通过"，并听取复诵	（20）对通过列车擦（画）掉占线板（簿）记载			

三、单线半自动闭塞集中联锁（设信号员）道岔区段轨道电路故障接车（通过）作业

作业程序		岗位作业技术要求			其他事项
程序	项目	车站值班员	信号员	助理值班员	
一 承认闭塞	1 确认区间空闲	（1）听取发车站请求闭塞			
		（2）根据闭塞表示灯、《行车日志》及各种行车表示牌，确认区间空闲，口呼："区间空闲"			
		（3）按列车运行计划核对车次、时刻、命令、指示			
	2 办理闭塞手续	（4）同意闭塞："同意×（次）闭塞"			（1）列车闭塞后，按《站细》规定通知有关人员
		（5）通知信号员（长）："办理×（次）闭塞"，并听取复诵	（1）复诵："办理×（次）闭塞"		
		（6）应答："×（次）闭塞好（了）"	（2）一听铃响、二看黄灯、三按闭塞按钮、四确认绿色灯光，口呼："×（次）闭塞好（了）"		
		（7）填写《行车日志》			（2）使用计算机报点系统时，填记电子《行车日志》
		（8）必要时与列车调度员核对车次，了解列车停、通、会作业时间等			
		（9）确定接车线			
		（10）通知信号员（长）、助理值班员："×（次）、×道停车（通过或到开）"，并听取复诵	（3）复诵："×（次）、×道停车（通过或到开）"，并填写占线板（簿）	（1）复诵："×（次）、×道停车（通过或到开）"，并填写占线板（簿）	

续 表

<table>
<tr><th colspan="2">作业程序</th><th colspan="3">岗位作业技术要求</th><th rowspan="2">其他事项</th></tr>
<tr><th>程序</th><th>项目</th><th>车站值班员</th><th>信号员</th><th>助理值班员</th></tr>
<tr><td rowspan="6">二
开放信号</td><td rowspan="4">3
听取开车通知</td><td>（11）复诵发车站开车通知：“×（次）、（×点）×（分）开（通过）”</td><td></td><td></td><td></td></tr>
<tr><td>（12）填写《行车日志》</td><td></td><td></td><td>（3）使用计算机报点系统时，填记电子《行车日志》</td></tr>
<tr><td>（13）通知信号员（长）及助理值班员“×（次）开过来（了）”，并听取复诵</td><td>（4）复诵：“×（次）开过来（了）”</td><td>（2）复诵：“×（次）开过来（了）”</td><td></td></tr>
<tr><td>（14）按《站细》规定通知有关人员</td><td></td><td></td><td></td></tr>
<tr><td rowspan="2">4
确认接车线</td><td>（15）确认接车线路空闲，口呼“×道空闲”</td><td></td><td></td><td></td></tr>
<tr><td>（16）通知信号员（长）：“停止影响×道进路的调车作业”，并听取报告</td><td>（5）复诵：“停止影响×道进路的调车作业”。确认停止后报告：“影响×道进路的调车作业已停止”</td><td></td><td>（4）停止调车作业时机，按《站细》规定。无影响进路的调车作业时，此项作业省略</td></tr>
<tr><td>三
故障处置</td><td>5
扣停列车</td><td>（17）通过控制台确认道岔区段出现红光带，立即通知司机：“××（次）××（站）机外停车”</td><td>（6）发现无岔区段出现非占用轨道电路红光带，口呼：“×道岔区段出现红光带，道岔位置正确”</td><td></td><td></td></tr>
</table>

续 表

<table>
<tr><th colspan="2">作业程序</th><th colspan="3">岗位作业技术要求</th><th rowspan="2">其他事项</th></tr>
<tr><th>程序</th><th>项目</th><th>车站值班员</th><th>信号员</th><th>助理值班员</th></tr>
<tr><td rowspan="9">三 故障处置</td><td rowspan="2">6 确认设备故障情况</td><td>（18）通知助理值班员：“×道岔区段出现红光带，现场检查”，并听取复诵</td><td></td><td>（3）复诵：“×道岔区段出现红光带，现场检查”</td><td></td></tr>
<tr><td>（19）听取报告后，应答：“好（了）”</td><td></td><td>（4）现场检查空闲后，报告：“×道岔区段空闲”</td><td></td></tr>
<tr><td>7 报告列车调度员</td><td>（20）报告列车调度员：“×（站）×道岔区段出现红光带，道岔位置符合接车要求”</td><td></td><td></td><td></td></tr>
<tr><td>8 通知有关人员</td><td>（21）通知车站值班干部：“×道岔区段出现红光带，到行车室把关”。通知工务、电务部门：“×道岔区段出现红光带，检查处理”</td><td></td><td></td><td>（5）装有“故障通知按钮”的车站，应同时按压“故障通知按钮”</td></tr>
<tr><td>9 登记现象</td><td>（22）在《行车设备检查登记簿》内登记故障现象</td><td></td><td></td><td></td></tr>
<tr><td>10 确认签订</td><td>（23）确认工务部门在《行车设备检查登记簿》内工务设备正常使用的签认，确认电务停用的影响范围</td><td></td><td></td><td></td></tr>
<tr><td rowspan="2">11 申请引导命令</td><td>（24）向列车调度员报告设备情况，申请、抄收引导接车的调度命令，并复诵、核对</td><td></td><td></td><td></td></tr>
<tr><td>（25）向司机传达（核对）调度命令</td><td></td><td></td><td></td></tr>
</table>

续　表

作业程序		岗位作业技术要求			其他事项
程序	项目	车站值班员	信号员	助理值班员	
四 准备进路	12 准备进路	(26) 通知信号员（长）：“×（次）、×道停车，准备进路”。听取复诵无误后，命令：“执行”	(7) 复诵：“×（次）、×道停车，准备进路”		
		(27) 听取信号员（长）报告后，应答：“×道接车进路好（了）”	(8) 单操道岔准备进路，将故障区段道岔单锁，确认进路准备妥当后，口呼：“×道接车进路好（了）”		
	13 确认进路	(28) 通知信号员（长）：“确认×道进路”。听取复诵无误后，命令：“执行”	(9) 复诵：“确认×道进路”		
		(29) 听取信号员（长）报告后，应答：“好（了）”	(10) 确认进路正确，报告：“×道进路确认好（了）”		
五 引导接车	14 开放引导信号	(30) 通知信号员（长）：“×（次）、×道停车，开放引导信号”。听取复诵无误后，命令：“执行”	(11) 复诵：“×（次）、×道停车，开放引导信号”		(6) 破封使用×引导按钮，在《行车设备检查登记簿》内登记，使用后及时通知电务部门

续 表

<table>
<tr><th colspan="2">作业程序</th><th colspan="3">岗位作业技术要求</th><th rowspan="2">其他事项</th></tr>
<tr><th>程序</th><th>项目</th><th>车站值班员</th><th>信号员</th><th>助理值班员</th></tr>
<tr><td rowspan="2">五 引导接车</td><td>14 开放引导信号</td><td>(31) 确认信号正确，应答:“×道引导信号好(了)”</td><td>(12) 开放引导信号，口呼：“×引导”，按下引导按钮，确认光带、信号显示正确后，口呼：“信号好（了）”</td><td></td><td>(7) 如进站（接车进路）信号机内方第一轨道区段故障时，开放引导信号后须一直按压引导信号按钮（6502 设备）或在延时时间内重复点击引导按钮（微机联锁设备）。通过列车时，应办理有关发车作业程序</td></tr>
<tr><td>15 执行联控</td><td>(32) 执行车机联控：“××（次）××（站）引导接车，×道停车（通过），注意引导信号”</td><td></td><td></td><td></td></tr>
<tr><td rowspan="3">六 接车</td><td rowspan="3">16 列车接近</td><td></td><td>(13) 通过控制台监视信号及进路表示</td><td></td><td></td></tr>
<tr><td>(33) 再次确认信号正确，应答：“×（次）接近”</td><td>(14) 接近铃响、光带（表示灯）变红，再次确认信号开放正确，口呼：“×（次）接近”</td><td></td><td>(8) 计算机联锁设备的接近铃响为语音提示</td></tr>
<tr><td>(34) 通知助理值班员：“×（次）接近，×道接车”，并听取复诵</td><td></td><td>(5) 复诵:“×（次）接近，×道接车”</td><td>(9) 动车组、特快旅客列车的通知接车时机，按《站细》规定</td></tr>
</table>

续 表

作业程序		岗位作业技术要求			其他事项
程序	项目	车站值班员	信号员	助理值班员	
六 接车	17 接送列车			(6) 到《站细》规定地点接车。接通过列车时，眼看、手指出站信号，确认信号开放正确，口呼：“×道出站信号好（了）”	
七 列车到达	18 列车到达（通过）		(15) 通过控制台监视进路、信号及列车进（出）站	(7) 监视列车进站，于列车停妥后返回。通过列车，于列车尾部越过接车地点，确认列车尾部标志，按规定显示互检信号后返回	
		(35) 应答“好（了）”	(16) 通过控制台确认列车整列进入接车线，口呼：“×（次）到达（通过）”	(8) 对通过列车擦（画）掉占线板（簿）记载	
		(36) 对通过列车通知接车站：“×（次），×（点）×（分）通过”，并听取复诵	(17) 对通过列车擦（画）掉占线板（簿）记载		
		(37) 填写《行车日志》			(10) 使用计算机报点系统时，填记电子《行车日志》
	19 解锁进路	(38) 通知信号员（长）：“解锁进路”，并听取复诵	(18) 复诵：“解锁进路”		(11) 破封×总人工解锁按钮解锁进路，在《行车设备检查登记簿》内登记，使用后及时通知电务部门

续　表

作业程序		岗位作业技术要求			其他事项
程序	项目	车站值班员	信号员	助理值班员	
七 列车到达	19 解锁进路	(39) 应答:"好(了)"	(19) 同时按下总人工解锁按钮和进路始端按钮(引导按钮),将故障区段道岔单解,确认进路解锁后,口呼:"解锁好(了)"		
	20 报点	(40) 通知发车站:"×(次),(×点)×(分)到",并听取复诵			
	21 申请使用故障按钮	(41) 向列车调度员报点:"×(站)报点,×(次),×(点)×(分)到(通过)"。请求、抄收使用故障按钮的调度命令,并复诵、核对。并与发车站核对			(12) 使用计算机报点系统时,通过系统报点
		(42) 在《行车设备检查登记簿》内登记,破封使用故障按钮			(13) 破除铅封后,应及时通知电务部门补封
	22 开通区间	(43) 通知信号员:"调度命令×号,办理×(站)区间故障复原",并听取复诵无误后,命令:"执行"	(20) 复诵:"调度命令×号,办理×(站)区间故障复原"		
		(44) 应答:"好(了)"	(21) 破除故障按钮铅封,按下(拉出、点击)故障按钮,确认灯光熄灭,口呼:"×(站)区间开通"		
		(45) 与发车站确认闭塞设备复原			

续 表

作业程序		岗位作业技术要求			其他事项
程序	项目	车站值班员	信号员	助理值班员	
八 设备恢复	23 确认签认	(46) 确认设备正常使用的签认，试验良好后，向列车调度员汇报，恢复正常行车			

四、双线自动闭塞集中联锁（设信号员）道岔区段轨道电路故障接车（通过）作业

作业程序		岗位作业技术要求			其他事项
程序	项目	车站值班员	信号员	助理值班员	
一 接受发车预告	1 接受发车预告	(1) 接受发车站预告并复诵：“×（次）预告”			(1) 列车预告后，按《站细》规定通知有关人员
		(2) 填写《行车日志》			(2) 使用计算机报点系统时，填记电子《行车日志》
	2 准备接车	(3) 按列车运行计划核对车次、时刻、命令、指示，必要时与列车调度员联系			
		(4) 确定接车线			
		(5) 通知信号员（长）：“×（次）预告”，并听取复诵	(1) 复诵：“×（次）预告”		

续　表

<table>
<tr><th colspan="2">作业程序</th><th colspan="3">岗位作业技术要求</th><th rowspan="2">其他事项</th></tr>
<tr><th>程序</th><th>项目</th><th>车站值班员</th><th>信号员</th><th>助理值班员</th></tr>
<tr><td rowspan="6">二
开放信号</td><td rowspan="6">3
确认接车线</td><td>(6) 复诵发车站开车通知：“×（次），×（点）×（分）开（通过）”</td><td></td><td></td><td></td></tr>
<tr><td>(7) 填写《行车日志》</td><td></td><td></td><td>(3) 使用计算机报点系统时，填记电子《行车日志》</td></tr>
<tr><td>(8) 通知信号员（长）、助理值班员：“×（次）开过来（了），×道停车(通过或到开)”，并听取复诵</td><td>(2) 复诵：“×（次）开过来（了），×道停车(通过或到开)”，并填写占线板（簿）</td><td>(1) 复诵：“×（次）开过来（了），×道停车(通过或到开)”，并填写占线板（簿）</td><td></td></tr>
<tr><td>(9) 按《站细》规定通知有关人员</td><td></td><td></td><td></td></tr>
<tr><td>(10) 确认接车线路空闲，口呼“×道空闲”</td><td></td><td></td><td></td></tr>
<tr><td>(11) 通知信号员（长）：“停止影响×道进路的调车作业”，并听取报告</td><td>(3) 复诵：“停止影响×道进路的调车作业”。确认停止后，报告：“影响×道进路的调车作业已停止”</td><td></td><td>(4) 停止调车作业时机，按《站细》规定。无影响进路的调车作业时，此项作业省略</td></tr>
</table>

续　表

作业程序		岗位作业技术要求			其他事项
程序	项目	车站值班员	信号员	助理值班员	
三 故障处置	4 扣停列车	（12）通过控制台确认道岔区段出现红光带，立即通知司机："××（次）××（站）机外停车"	（4）发现无岔区段出现红光带，口呼："×道岔区段出现红光带，道岔位置正确"		
	5 确认设备故障情况	（13）通知助理值班员："×道岔区段出现红光带，现场检查"，并听取复诵		（2）复诵："×道岔区段出现红光带，现场检查"	
		（14）听取报告后，应答："好（了）"		（3）现场检查空闲后，报告："×道岔区段空闲"	
	6 报告列车调度员	（15）报告列车调度员："×（站）×道岔区段出现红光带，道岔位置符合接车要求"			
	7 通知有关人员	（16）通知车站值班干部："×道岔区段出现红光带，到行车室把关"。通知工务、电务部门："×道岔区段出现红光带，检查处理"			（5）装有"故障通知按钮"的车站，应同时按压"故障通知按钮"
	8 登记现象	（17）在《行车设备检查登记簿》内登记故障现象			
	9 确认签订	（18）确认工务部门在《行车设备检查登记簿》内工务设备正常使用的签认，确认电务停用的影响范围			

续　表

作业程序		岗位作业技术要求			其他事项
程序	项目	车站值班员	信号员	助理值班员	
四 准备进站	10 申请引导命令	(19) 向列车调度员报告设备情况，申请、抄收引导接车的调度命令，并复诵、核对			
		(20) 向司机传达（核对）调度命令			
	11 准备进路	(21) 通知信号员（长）：“×（次）、×道停车，准备进路”。听取复诵无误后，命令：“执行”	(5) 复诵：“×（次）、×道停车，准备进路”		
		(22) 听取信号员（长）报告后，应答：“×道接车进路好（了）”	(6) 单操道岔准备进路，将故障区段道岔单锁，确认进路准备妥当后，口呼：“×道接车进路好（了）”		
		(23) 通知信号员（长）：“确认×道进路”。听取复诵无误后，命令：“执行”	(7) 复诵：“确认×道进路”		
		(24) 听取信号员（长）报告后，应答：“好（了）”	(8) 确认进路正确，报告：“×道进路确认好（了）”		
五 引导接车	12 开放引导信号	(25) 通知信号员（长）：“×（次）、×道停车，开放引导信号”。听取复诵无误后，命令：“执行”	(9) 复诵：“×（次）、×道停车，开放引导信号”		(6) 破封使用×引导按钮，在《行车设备检查登记簿》内登记，使用后及时通知电务部门

续　表

<table>
<tr><th colspan="2">作业程序</th><th colspan="3">岗位作业技术要求</th><th rowspan="2">其他事项</th></tr>
<tr><th>程序</th><th>项目</th><th>车站值班员</th><th>信号员</th><th>助理值班员</th></tr>
<tr><td rowspan="2">五
引导接车</td><td>12
开放引导信号</td><td>（26）确认信号正确，应答：“×道引导信号好（了）”</td><td>（10）开放引导信号，口呼：“×引导”，按下引导按钮，确认光带、信号显示正确后，口呼：“信号好（了）”</td><td></td><td>（7）如进站（接车进路）信号机内方第一轨道区段故障时，开放引导信号后须一直按压引导信号按钮（6502设备）或在延时时间内重复点击引导按钮（微机联锁设备）。通过列车时，应办理有关发车作业程序</td></tr>
<tr><td>13
执行联控</td><td>（27）执行车机联控：“××（次）××（站）引导接车，×道停车（通过），注意引导信号”</td><td></td><td></td><td></td></tr>
<tr><td rowspan="3">六
接车</td><td rowspan="3">14
列车接近</td><td></td><td>（11）通过控制台监视信号及进路表示</td><td></td><td></td></tr>
<tr><td>（28）再次确认信号正确，应答：“×（次）接近”</td><td>（12）第二（三）接近铃响、光带变红，再次确认信号开放正确，口呼：“×（次）接近”</td><td></td><td>（8）计算机联锁设备的接近铃响为语音提示</td></tr>
<tr><td>（29）通知助理值班员：“×（次）接近，×道接车”，并听取复诵</td><td></td><td>（4）复诵：“×（次）接近，×道接车”</td><td>（9）动车组、特快旅客列车的通知接车时机，按《站细》规定</td></tr>
</table>

续　表

作业程序		岗位作业技术要求			其他事项
程序	项目	车站值班员	信号员	助理值班员	
六 接车	15 接送列车			(5) 到《站细》规定地点接车。接通过列车时，眼看、手指出站信号，确认信号开放正确，口呼:“×道出站信号好(了)”	
七 列车到达（通过）	16 列车到达（通过）		(13) 通过控制台监视进路、信号及列车进(出)站	(6) 监视列车进站，于列车停妥后返回。通过列车，于列车尾部越过接车地点，确认列车尾部标志，按规定显示互检信号后返回	
		(30) 应答:“好(了)”	(14) 通过控制台确认列车整列进入(通过)接车线，口呼:“×(次)到达(通过)”		
		(31) 对通过列车通知接车站:“×(次)、(×点)×(分)通过”，并听取复诵			
		(32) 填写《行车日志》	(15) 对通过列车擦(画)掉占线板(簿)记载	(7) 对通过列车擦(画)掉占线板(簿)记载	(10) 使用计算机报点系统时，填记电子《行车日志》

续 表

作业程序		岗位作业技术要求			其他事项
程序	项目	车站值班员	信号员	助理值班员	
七 列车到达（通过）	17 解锁进路	（33）通知信号员（长）：“解锁进路”，并听取复诵	（16）复诵：“解锁进路”		（11）破封×总人工解锁按钮解锁进路，在《行车设备检查登记簿》内登记，使用后及时通知电务部门
		（34）应答：“好（了）”	（17）同时按下总人工解锁按钮和进路始端按钮（引导按钮），将故障区段道岔单解，确认进路解锁后，口呼：“解锁好（了）”		
	18 报点	（35）向列车调度员报点：“×（站）报点，×（次），×（点）×（分）到（通过）”			（12）使用计算机报点系统时，通过系统报点
八 设备恢复	19 确认签认	（36）确认设备正常使用的签认，试验良好后，向列车调度员汇报，恢复正常行车			

任务三　出站信号机故障发车作业

学生工作页（2－3）

班级：		姓名：	学号：	小组：	参考学时：10学时
学习目标	能力目标	作为一名车站值班员，能够处理出站信号机故障的情况并能执行相应的作业标准			
	知识目标	出站信号机故障现象及特点，出站信号机故障时接车方法，电话闭塞法			
	素质目标	逐渐培养学生认真、细致的工作作风以及遇突发情况随机应变的能力			

【任务描述】

子任务一

1. 线路占用及设备状态

①A—B为单线半自动闭塞区间，两站均配有信号员，A站开往B站为下行方向，B站开往A站为上行方向。A站4道停有计划8：23开往B站的列车26051次。

②站内设备正常，道岔均在定位。

2. 行车作业情况

①办理A站26051次列车出发作业。

②A站有影响进路的调车作业。

③区间图定运行时间16分钟。

3. 故障设置

A站车站值班员在命令信号员开放26051次出站信号时，出站信号机故障不能显示进行信号。设备故障在列车整列到达后恢复。

子任务二

1. 线路占用及设备状态

①A—B为双线双向自动闭塞区间，两站均配有信号员，A站开往B站为下行方向，B站开往A站为上行方向。A站2道停有开往B站的列车10051次，B站1道停有计划12：36开往A站的列车83150次。

②站内设备正常，道岔均在定位。

2. 行车作业情况

①办理B站83150次列车出发作业。

②B站有影响进路的调车作业。

③区间图定运行时间10分钟。

续　表

班级：	姓名：	学号：	小组：	参考学时：10 学时

3. 故障设置

B站车站值班员在命令信号员开放 35002 次出站信号时，出站信号机故障不能显示进行信号。设备故障在列车整列到达后恢复。

【学习过程】

1. 以下是在单线半自动闭塞区段遇到这种非正常情况发车的关键环节，你认为这些环节的要点内容是什么？

①闭塞方法：

②准备进路方式：

③进路锁闭：

④接车方式：

2. 以下是在双线自动闭塞区段遇到这种非正常情况发车的关键环节，你认为这些环节的要点内容是什么？

①闭塞方法：

②准备进路方式：

③进路锁闭：

④接车方式：

3. 本次任务中的行车凭证应该如何填记？

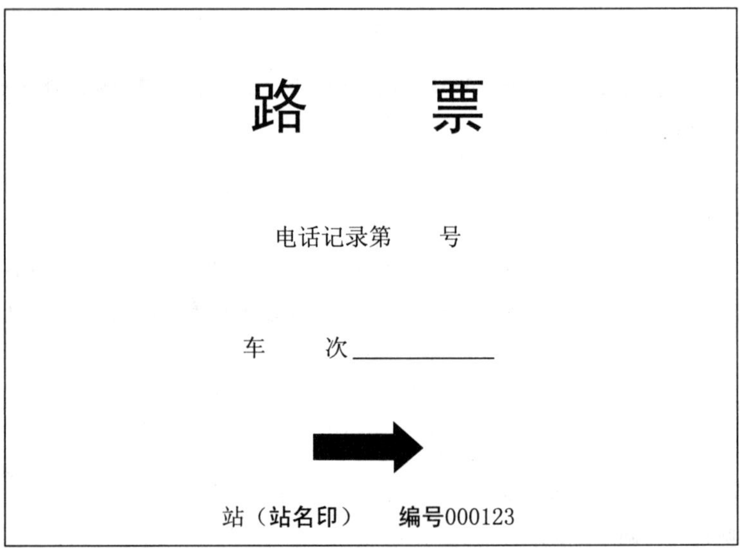
路　　票

电话记录第　　号

车　　次＿＿＿＿＿＿

站（站名印）　　编号000123

续 表

班级：	姓名：	学号：	小组：	参考学时：10 学时

许　可　证

第______号

1. 在出站（进路）信号机故障、未设出站信号机、列车头部越过出站（进路）信号机的情况下，准许第__________次列车由__________线上发车。

2. 在出站信号机显示黄色灯光的状态下，准许第____________次列车由__________线上通过。

站（站名印）车站值班员（签名）

年　月　日填发

注：1. 绿色纸，复写一式两份，司机一份，存根一份；（规格90mm×130mm）
2. 不用的字句抹消。

4. 在这几个任务中涉及的接发列车作业标准有哪些？请以 4 人小组为单位按照标准及所附的程序表完成“任务描述”中的题目演练。

5. 经过一段时间的训练，请你归纳设备故障情况下接发列车作业的安全控制图。

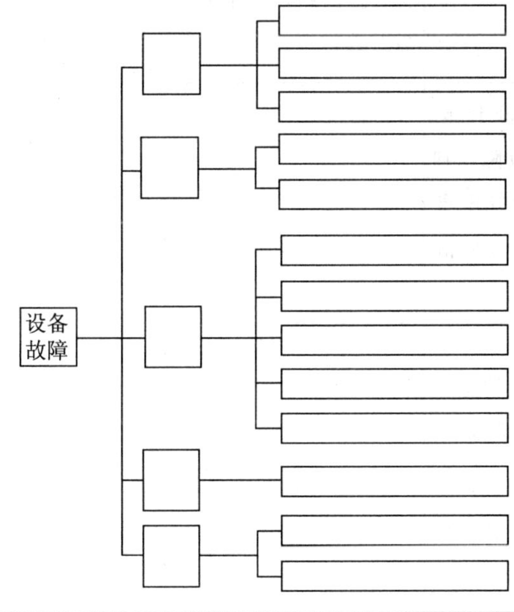

续 表

班级：	姓名：	学号：	小组：	参考学时：10学时

【任务总结】

1. 掌握了哪些技能（知识）：______

______

2. 新的体会及经验教训：______

______

3. 是否完成了预先制订的目标：______

4. 其他收获：______

一、单线半自动闭塞集中联锁（设信号员）出站信号机故障发车作业

作业程序		岗位作业技术要求			其他事项
程序	项目	车站值班员	信号员	助理值班员	
一 报告通知	1 确认设备故障	（1）通过控制台确认×出站信号机故障，向列车调度员汇报	（1）发现出站信号不能开放时，报告车站值班员：“×出站信号不能开放”		
	2 通知有关部门	（2）通知车站值班干部：“×出站信号机故障，到行车室把关”。通知电务部门：“×出站信号机故障，检查处理”			（1）装有“故障通知按钮”的车站，应同时按压“故障通知按钮”
	3 登记现象	（3）在《行车设备检查登记簿》内登记故障现象			
	4 确认签认	（4）确认电务部门在《行车设备检查登记簿》内停用信号范围的签认			

续　表

作业程序		岗位作业技术要求			其他事项
程序	项目	车站值班员	信号员	助理值班员	
一 报告通知	5 申请调度命令	(5) 向列车调度员汇报，申请停基改电的调度命令。抄收停基改电的调度命令，并复诵、核对			
		(6) 向接车站核对调度命令			
二 承认闭塞	6 确认区间空闲	(7) 根据《行车日志》及各种行车表示牌，确认区间空闲，口呼："区间空闲"			
		(8) 按列车运行计划核对车次、时刻、命令、指示（接车时已核对除外）			
	7 办理闭塞手续	(9) 请求闭塞："×（次）闭塞"			
		(10) 复诵接车站发出的电话记录			
		(11) 填写《行车日志》			(2) 使用计算机报点系统时，填记电子《行车日志》
		(12) 口呼："×（次）闭塞好（了）"	(2) 应答："×（次）闭塞好（了）"，揭挂"区间占用"表示牌		

续　表

作业程序		岗位作业技术要求			其他事项
程序	项目	车站值班员	信号员	助理值班员	
三 准备进路	8 准备进路	(13) 通知信号员（长）：“停止影响×道进路的调车作业”，并听取复诵	(3) 复诵：“停止影响×道进路的调车作业”		(3) 停止调车作业时机，按《站细》规定。无影响进路的调车作业时，此项作业省略
		(14) 应答：“好（了）”	(4) 确认停止后，报告：“影响×道进路的调车作业已停止”		
		(15) 通知信号员（长）：“×（次）、×道发车，准备进路”。听取复诵无误后，命令：“执行”	(5) 复诵：“×（次）、×道发车，准备进路”		
		(16) 确认进路正确，应答：“×道发车进路好（了）”	(6) 调车信号按钮准备进路，确认进路准备妥当后，口呼：“×道发车进路好（了）”		
		(17) 通知信号员（长）：“确认×道进路”。听取复诵无误后，命令：“执行”	(7) 复诵：“确认×道进路”		
		(18) 听取信号员（长）报告后，应答：“好（了）”	(8) 确认进路正确，报告：“×道进路确认好（了）”		
四 准备发车	9 办理凭证	(19) 核对车次、区间、电话记录号码，填写路票			
		(20) 与助理值班员核对路票及调度命令		(1) 与车站值班员核对路票及调度命令	
		(21) 通知助理值班员：“×（次）、×道发车”，并听取复诵		(2) 复诵：“×（次）、×道发车”	

续　表

作业程序		岗位作业技术要求			其他事项
程序	项目	车站值班员	信号员	助理值班员	
四 准备发车	10 交付凭证		(9) 通过控制台监视进路表示	(3) 通过控制台确认发车进路正确，口呼："×（次)、×道发车"	(4) 助理值班员不能通过控制台确认时，由车站值班员协助确认
				(4) 与司机核对路票及调度命令，确认正确后交付司机	(5) 按规定执行车机联控
五 发车	11 确认发车条件			(5) 确认旅客上下、行包装卸和列检作业结束	(6) 其他发车条件的确认按《站细》规定。动车组发车时，无此项作业
	12 (指示)发车			(6) 按规定站在适当地点显示发车信号，或向运转车长显示发车指示信号并应依式中转发车信号（使用列车无线调度通信设备发车时除外)	(7) 动车组发车时，无此项作业
六 列车出发	13 监视列车	(22) 列车启动，通知接车站："×（次)，×（点）×（分）开"，并听取复诵			

续　表

<table>
<tr><th colspan="2">作业程序</th><th colspan="3">岗位作业技术要求</th><th rowspan="2">其他事项</th></tr>
<tr><th>程序</th><th>项目</th><th>车站值班员</th><th>信号员</th><th>助理值班员</th></tr>
<tr><td rowspan="6">六 列车出发</td><td rowspan="2">13 监视列车</td><td>（23）填写《行车日志》</td><td></td><td>（7）监视列车，于列车尾部越过发车地点，确认列车尾部标志，按规定显示互检信号后返回</td><td>（8）使用计算机报点系统时，填记电子《行车日志》</td></tr>
<tr><td>（24）应答：“好（了）”</td><td>（10）通过控制台确认列车整列出站，口呼：“×（次）出站”</td><td></td><td></td></tr>
<tr><td>14 报点</td><td>（25）向列车调度员报点：“×（站）报点，×（次）、（×点）×（分）开”</td><td>（11）擦（画）掉占线板（簿）记载</td><td>（8）擦（画）掉占线板（簿）记载</td><td>（9）使用计算机报点系统时，通过系统报点</td></tr>
<tr><td rowspan="3">15 接受到达通知</td><td>（26）复诵接车站列车到达电话记录</td><td></td><td></td><td></td></tr>
<tr><td>（27）填写《行车日志》</td><td></td><td></td><td>（10）使用计算机报点系统时，填记电子《行车日志》</td></tr>
<tr><td>（28）通知信号员（长）：“×（站）区间开通”</td><td>（12）摘下“区间占用”表示牌。应答：“×（站）区间开通”</td><td></td><td></td></tr>
<tr><td>七 设备恢复</td><td>16 确认签认</td><td>（29）确认设备正常使用的签认，试验良好后，向列车调度员汇报，根据调度命令恢复正常行车</td><td></td><td></td><td></td></tr>
</table>

二、双线自动闭塞集中联锁（设信号员）出站信号机故障发车作业

作业程序		岗位作业技术要求			其他事项
程序	项目	车站值班员	信号员	助理值班员	
一 报告通知	1 确认设备故障	（1）通过控制台确认×出站信号机故障，向列车调度员汇报	（1）发现出站信号不能开放时，报告车站值班员：“×出站信号不能开放”		
	2 通知有关部门	（2）通知车站值班干部：“×出站信号机故障，到行车室把关”			
		（3）通知电务部门：“×出站信号机故障，检查处理”			（1）装有“故障通知按钮”的车站，应同时按压“故障通知按钮”
	3 登记现象	（4）在《行车设备检查登记簿》内登记故障现象			
	4 确认签证	（5）确认电务部门在《行车设备检查登记簿》内停用信号范围的签认			
	5 报告设备情况	（6）向列车调度员报告设备情况			
二 发车预告	6 发车预告	（7）向接车站发出：“×（次）预告”，并听取复诵			
		（8）填写《行车日志》			（2）使用计算机报点系统时，填记电子《行车日志》

续　表

<table>
<tr><td colspan="2">作业程序</td><td colspan="3">岗位作业技术要求</td><td rowspan="2">其他事项</td></tr>
<tr><td>程序</td><td>项目</td><td>车站值班员</td><td>信号员</td><td>助理值班员</td></tr>
<tr><td rowspan="6">三
准备进路</td><td rowspan="6">7
准备进路</td><td>(9) 通知信号员（长）：“停止影响×道进路的调车作业”，并听取复诵</td><td>(2) 复诵：“停止影响×道进路的调车作业”</td><td></td><td rowspan="2">(3) 停止调车作业时机，按《站细》规定。无影响进路的调车作业时，此项作业省略</td></tr>
<tr><td>(10) 应答：“好（了）”</td><td>(3) 确认停止后，报告：“影响×道进路的调车作业已停止”</td><td></td></tr>
<tr><td>(11) 通知信号员（长）：“×（次）、×道发车，准备进路”，并听取复诵无误后，命令：“执行”</td><td>(4) 复诵：“×（次）、×道发车，准备进路”</td><td></td><td></td></tr>
<tr><td>(12) 确认进路正确，应答：“×道发车进路好（了）”</td><td>(5) 调车信号按钮准备进路，确认进路准备妥当后，口呼：“×道发车进路好（了）”</td><td></td><td></td></tr>
<tr><td>(13) 通知信号员（长）：“确认×道进路”。听取复诵无误后，命令：“执行”</td><td>(6) 复诵：“确认×道进路”</td><td></td><td></td></tr>
<tr><td>(14) 听取信号员（长）报告后，应答：“好（了）”</td><td>(7) 确认进路正确，报告：“×道进路确认好（了）”</td><td></td><td></td></tr>
<tr><td rowspan="2">四
准备发车</td><td rowspan="2">8
办理凭证</td><td>(15) 核对车次、股道，确认第一闭塞分区空闲，填写绿色许可证</td><td></td><td></td><td></td></tr>
<tr><td>(16) 与助理值班员核对绿色许可证</td><td></td><td>(1) 与车站值班员核对绿色许可证</td><td></td></tr>
</table>

续　表

<table>
<tr><th colspan="2">作业程序</th><th colspan="3">岗位作业技术要求</th><th rowspan="2">其他事项</th></tr>
<tr><th>程序</th><th>项目</th><th>车站值班员</th><th>信号员</th><th>助理值班员</th></tr>
<tr><td rowspan="3">四
准备发车</td><td rowspan="3">9
交付凭证</td><td>（17）通知助理值班员：“×（次）、×道发车”，并听取复诵</td><td></td><td>（2）通过控制台确认发车进路正确，复诵：“×（次）、×道发车”</td><td>（4）助理值班员不能通过控制台确认时，由车站值班员协助确认</td></tr>
<tr><td></td><td>（8）通过控制台监视进路表示</td><td></td><td></td></tr>
<tr><td></td><td></td><td>（3）与司机核对绿色许可证，确认正确后交付司机</td><td>（5）按规定执行车机联控</td></tr>
<tr><td rowspan="2">五
发车</td><td>10
确认发车条件</td><td></td><td></td><td>（4）确认旅客上下、行包装卸和列检作业结束</td><td>（6）其他发车条件的确认按《站细》规定。动车组发车时，无此项作业</td></tr>
<tr><td>11
（指示）发车</td><td></td><td></td><td>（5）按规定站在适当地点显示发车信号，或向运转车长显示发车指示信号并应依式中转发车信号（使用列车无线调度通信设备发车时除外）</td><td>（7）动车组发车时，无此项作业</td></tr>
<tr><td>六
列车出发</td><td>12
监视列车</td><td>（18）列车启动通知接车站：“×（次），×（点）×（分）开”，并听取复诵</td><td></td><td></td><td></td></tr>
</table>

续 表

<table>
<tr><th colspan="2">作业程序</th><th colspan="3">岗位作业技术要求</th><th rowspan="2">其他事项</th></tr>
<tr><th>程序</th><th>项目</th><th>车站值班员</th><th>信号员</th><th>助理值班员</th></tr>
<tr><td rowspan="4">六 列车出发</td><td rowspan="3">12 监视列车</td><td>（19）填写《行车日志》</td><td></td><td>（6）监视列车，于列车尾部越过发车地点，确认列车尾部标志，按规定显示互检信号后返回</td><td>（8）使用计算机报点系统时，填记电子《行车日志》</td></tr>
<tr><td>（20）应答：“好（了）”</td><td>（9）通过控制台确认列车整列出站，口呼：“×（次）出站”</td><td></td><td></td></tr>
<tr><td></td><td>（10）擦（画）掉占线板（簿）记载</td><td>（7）擦（画）掉占线板（簿）记载</td><td></td></tr>
<tr><td>13 报点</td><td>（21）向列车调度员报点：“×（站）报点，×（次），×（点）×（分）开”，复诵接车站列车到达通知</td><td></td><td></td><td>（9）使用计算机报点系统时，通过系统报点</td></tr>
<tr><td>七 设备恢复</td><td>14 确认签认</td><td>（22）确认设备正常使用的签认，试验良好后，向列车调度员汇报，恢复正常行车</td><td></td><td></td><td></td></tr>
</table>

任务四　一切电话中断接发列车作业

学生工作页（2-4）

<table>
<tr><td colspan="2">班级：</td><td>姓名：</td><td>学号：</td><td>小组：</td><td>参考学时：2 学时</td></tr>
<tr><td rowspan="3">学习目标</td><td>能力目标</td><td colspan="4">作为一名车站值班员能处理一切电话中断时的情况并能执行相应的作业标准</td></tr>
<tr><td>知识目标</td><td colspan="4">一切电话中断行车凭证及禁止发出的列车，优先发车站的确定</td></tr>
<tr><td>素质目标</td><td colspan="4">逐渐培养学生认真、细致的工作作风以及遇突发情况随机应变的能力</td></tr>
</table>

续　表

班级：	姓名：	学号：	小组：	参考学时：2学时

【任务描述】

A—B为单线半自动闭塞区间，甲乙两站均配备信号员。B站4道停有向A站发出的32046次列车，已知A站3道停有向B站发出的3459次列车，无其他列车，现两站间一切电话中断。

【学习过程】

1. 根据上述案例，简述两站如何办理接发作业？

2. 什么是一切电话中断？万一发生一切电话中断，车站如何办理接发列车作业？行车凭证是什么？

3. 一切电话中断时禁止发出哪些列车？

【任务总结】

1. 掌握了哪些技能（知识）：________________________________

____

2. 新的体会及经验教训：________________________________

____

3. 是否完成了预先制订的目标：________________________________

4. 其他收获：________________________________

项目三　运行条件变化接发列车作业

任务一　双线反方向或改按单线接发列车作业

学生工作页（3－1）

<table>
<tr><td colspan="2">班级：</td><td>姓名：</td><td>学号：</td><td>小组：</td><td>参考学时：2学时</td></tr>
<tr><td rowspan="3">学习目标</td><td>能力目标</td><td colspan="4">作为一名车站值班员，能够独立判定双线反方向或改按单线行车情况及条件，正确选择并执行接发列车作业标准</td></tr>
<tr><td>知识目标</td><td colspan="4">运行条件变化的处理程序，准许反方向运行的条件，准许双线改按单线行车的情况</td></tr>
<tr><td>素质目标</td><td colspan="4">逐渐培养学生认真、细致的工作作风以及遇突发情况随机应变的能力</td></tr>
</table>

【任务描述】

××年×月×日15时40分，××线乙站—丙站间742km＋800m处。因乙站道岔施工，××列车调度员发出调度命令，准许乙站的43021次改为向上行线发车（反方向行车），但未通知与其相邻的丙站。

在丙站不知道下行线停用的情况下，乙站值班员与丙站办理了43021次列车的反方向闭塞。之后，乙站又盲目的同意了丙站值班员的11312次列车的正方向（上行线的重叠）闭塞。结果，乙站于15时29分由2道发出了43021次，反方向开入上行线的同时，丙站通过的11312次也于15时34分正方向进入上行线，致使两列车在区间742km＋800m处发生正面冲突。造成机车乘务员死亡3人、伤1人、机车报废1台、大破1台、货车报废12辆、大破2辆、上行线中断行车55小时50分，下行线中断行车22小时20分，直接经济损失98.60万元。

这起事故的主要责任者乙站车站值班员×××，重要责任者×××，列车调度员×××，均被追究刑事责任。

【学习过程】

1. 根据上述案例描述，简述导致这起事故的原因有哪些。

续　表

班级：	姓名：	学号：	小组：	参考学时：2学时

2. 运行条件变化主要指哪些？

3. 运行条件变化的处理程序是什么？试完成下面程序图。

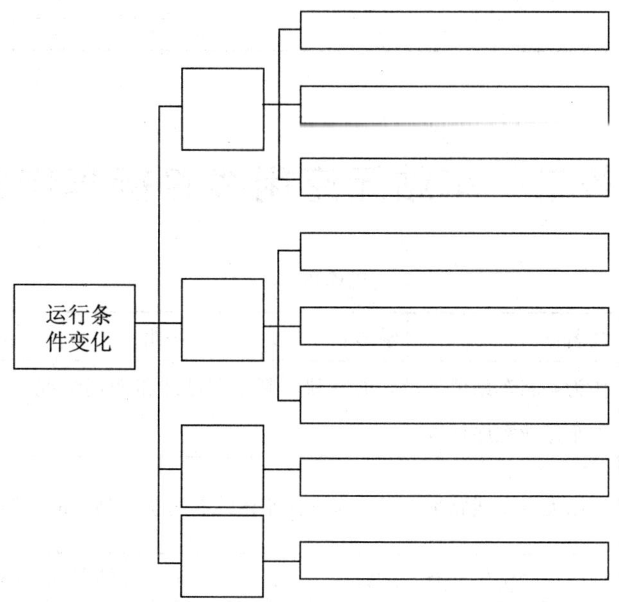

4. 什么情况下准许双线反方向行车？

5. 双线反方向发车、接车的行车办法是什么？

续　表

班级：	姓名：	学号：	小组：	参考学时：2学时

【任务总结】

1. 掌握了哪些技能（知识）：______________________________

____

2. 新的体会及经验教训：______________________________

____

3. 是否完成了预先制订的目标：______________________________

4. 其他收获：______________________________

任务二　车站无空闲线路接车作业

学生工作页（3－2）

班级：		姓名：	学号：	小组：	参考学时：2学时
学习目标	能力目标	作为一名车站值班员，能够独立判定车站线路使用情况，正确选择并执行接发列车作业程序标准			
	知识目标	车站无空闲线路地含义，车站无空闲线路对接入列车的限制以及接车的办法			
	素质目标	逐渐培养学生认真、细致的工作作风以及遇突发情况随机应变的能力			

【任务描述】

甲站有3股道。3道停有33107次，机车乘务员超劳等待换班；2道停有19056次机故（距警冲标50米）；1道停有工务大修队的路用列车，计划区间卸料。本班无开车计划。邻站开出58102次（单机）来牵引19056次，请甲站办理58102次列车的接车作业。

【学习过程】

1. 根据你的理解，说说甲站如何办理58102次列车的接车作业。

续　表

班级：	姓名：	学号：	小组：	参考学时：2学时

2. 什么是站内无空闲线路？会造成哪些后果？

3. 在站内无空闲线路时？哪些列车可以接入站内？

4. 车站无空闲线路时如何接车？

【任务总结】

1. 掌握了哪些技能（知识）：________

____

2. 新的体会及经验教训：________

____

3. 是否完成了预先制订的目标：________

4. 其他收获：________

任务三　特殊列车接发作业

学生工作页（3-3）

班级：		姓名：	学号：	小组：	参考学时：2学时
学习目标	能力目标	作为一名车站值班员，能够独立判定列车运行要求、运行条件、确定接发列车方法，选择并执行接发列车作业标准			
	知识目标	超长列车、超限列车、退行列车的特点以及接发时的规定			
	素质目标	逐渐培养学生认真、细致的工作作风以及遇突发情况随机应变的能力			

【任务描述】

××年×月×日18时04分，××线××站—××站，22562次货物列车机后第22位挂有××防腐枕木厂的15吨自轮起重机一辆，限速50km/h运行，由××机务段××机班担当乘务，××调度所在列车出发前未按规定发布调度命令限速运行。待列车到达××（中间）站司机询问时，调度员才补发了“限速50km/h、注意运行”的调度命令。

列车到达××（区段）站后，下班司机又未与接班司机认真交接。结果，列车约以时速65km超速运行，同时又由于起重机本身既超限又偏重，列车运行至242km+153m处发生脱轨，脱轨后又走行了6km+535m，直至235km+600m处因制动软管脱开，列车才自行停车。造成轧伤枕木11579根，中断行车5小时01分的列车脱轨重大事故。

【学习过程】

1. 根据你的理解，说说案例中导致事故发生的原因是什么？

2. 车站接发超限列车有哪些规定？

3. 甲—乙为单线半自动闭塞区间，甲乙两站均配备信号员。乙站向甲站发出11056次列车后5分钟，接到司机退行请求。如何办理11056次列车的退行作业？

续　表

班级：	姓名：	学号：	小组：	参考学时：2学时

4. 哪些情况下列车不准退行？

【任务总结】

1. 掌握了哪些技能（知识）：________

2. 新的体会及经验教训：________

____

3. 是否完成了预先制订的目标：________

4. 其他收获：________

项目四　施工（事故）接发列车作业

任务一　施工登记与签认

学生工作页（4－1）

<table>
<tr><td colspan="2">班级：</td><td>姓名：</td><td>学号：</td><td>小组：</td><td>参考学时：2 学时</td></tr>
<tr><td rowspan="3">学习
目标</td><td>能力目标</td><td colspan="4">作为一名车站值班员，能完成对工务、电务、供电等部门的施工计划进行核对，并进行施工登记和签认，调度命令的申请、传达等工作。能正确填写“运统-46”等行车簿册</td></tr>
<tr><td>知识目标</td><td colspan="4">施工及施工分类，天窗及天窗分类，施工时接发列车作业</td></tr>
<tr><td>素质目标</td><td colspan="4">提高学生资料收集、信息获取的能力，沟通能力及团队协作能力，分析问题和处理问题的能力，正确组织列车运行的职业能力，树立大局意识</td></tr>
</table>

【任务描述】

工务需要在甲站至乙站下行正线 K501km＋100m 处进行更换钢轨作业，电务配合，申请时间 30 分钟，影响下行列车运行，需封锁下行正线，作业后限速运行。

【学习过程】

1. 请模拟工电部门人员到行车室进行施工登记和销记过程，车站值班员填写各种簿册和申请调度命令。

2. 施工是如何分类的？

3. 什么是天窗及天窗是如何分类的？

续 表

班级：	姓名：	学号：	小组：	参考学时：2学时

4. 施工的处理程序有哪些？

【任务总结】

1. 掌握了哪些技能（知识）：________________

____

2. 新的体会及经验教训：________________

____

3. 是否完成了预先制订的目标：________________

4. 其他收获：________________

任务二 路用列车接发作业

学生工作页（4－2）

<table>
<tr><td colspan="2">班级：</td><td>姓名：</td><td>学号：</td><td>小组：</td><td>参考学时：2学时</td></tr>
<tr><td rowspan="3">学习目标</td><td>能力目标</td><td colspan="4">能根据不同的情况接发各种路用列车，能把握不同行车条件下路用列车开行的行车凭证，并执行接发列车作业标准</td></tr>
<tr><td>知识目标</td><td colspan="4">封锁区间的含义以及分类，路用列车在封锁区间与非封锁区间开行的行车凭证</td></tr>
<tr><td>素质目标</td><td colspan="4">提高学生资料收集、信息获取的能力，沟通能力及团队协作能力，分析问题和处理问题的能力，正确组织列车运行的职业能力，培养大局意识</td></tr>
</table>

【任务描述】

××年×月×日，14时27分，路用列车57201次，计划在××站—××站间，864km＋500m至863km＋500m间进行“边走边卸”路料作业。发车站值班员在未与邻站办理闭塞手续的情况下，就使用“调度命令”将57201次放入区间卸车作业，构成了“未办闭塞发出列车”的险性事故。

续　表

班级：	姓名：	学号：	小组：	参考学时：2学时

【学习过程】

1. 根据你的理解，说说案例中导致事故发生的原因是什么？

2. 向封锁区间发出路用列车的作业要点是什么？

3. 什么是封锁区间？如何分类？

4. 通过角色扮演的方式完成任务情景模拟。情景如下：甲站至乙站间需要更换大量枕木和钢轨，封锁施工，甲站向区间开行运送钢轨和枕木的路用列车，车次为57003次。请各小组安排好人员分工情况，模拟路用列车接发作业过程进行任务练习。

【任务总结】

1. 掌握了哪些技能（知识）：____

____

2. 新的体会及经验教训：____

____

3. 是否完成了预先制订的目标：____

4. 其他收获：____

任务三　救援列车接发作业

学生工作页（4－3）

班级：		姓名：	学号：	小组：	参考学时：2学时
学习目标	能力目标	能深刻了解救援列车开行的相关规定及注意事项，能在最短时间内合理组织救援列车的开行			
	知识目标	救援列车的含义以及开行方法、注意事项			
	素质目标	提高学生收集资料、获取信息的能力，沟通能力及团队协作能力，分析问题和处理问题的能力，正确组织列车运行的职业能力，树立大局意识			

【任务描述】

××年×月×日，0时17分，原计划为：58104次在××站停车交会1123次，车站值班员未取得邻站同意就擅自取消了1123次闭塞，并且，仅以“加开58104次”调度命令架入自动授受机传递，指示助理值班员×××显示58104次的通过手信号，而58104次司机在未取得行车凭证的情况下也仅凭手信号盲目通过，闯入已被1123次占用（正在对向运行）的区间。后幸好被发现急用无线电台呼叫而停止，险些造成58104次与1123次正面冲突的严重后果，但已构成了“救援列车未办闭塞闯入区间”的事故。

【学习过程】

1. 根据你的理解，说说案例中导致事故发生的原因是什么？

2. 救援列车的开行方法是什么？

3. 开行救援列车的注意事项有哪些？

4. 请各小组从多方面查找（图书馆、网络等）救援列车开行发生事故的案例，写出事故过程，并指出防止该事故发生应该采取的措施有哪些？

续　表

班级：	姓名：	学号：	小组：	参考学时：2 学时

5. 写出你所在铁路局对救援列车的开行有哪些补充规定？

6. 通过角色扮演的方式完成任务情景模拟。情景如下：甲站至乙站间 27003 次故障失去动力停于区间，甲站调机担当救援任务进入区间，将 27003 次拉回至甲站。请各小组安排好人员分工情况，模拟救援列车接发作业过程进行任务练习。

【任务总结】

1. 掌握了哪些技能（知识）：________

____

2. 新的体会及经验教训：________

____

3. 是否完成了预先制订的目标：________

4. 其他收获：________

任务四　列车分部运行

学生工作页（4－4）

班级：		姓名：	学号：	小组：	参考学时：2 学时
学习目标	能力目标	当列车在区间被迫停车后根据现场的具体情况快速做出判断是否需要分部运行，能掌握分部运行时的处理方法			
	知识目标	分部运行列车条件，列车不准分部运行的情况			
	素质目标	提高学生资料收集、信息获取的能力，沟通能力及团队协作能力，分析问题和处理问题的能力，正确组织列车运行的职业能力，树立大局意识			

续　表

班级：	姓名：	学号：	小组：	参考学时：2学时

【任务描述】

甲站至乙站间39502次运行在区间时，第二十位车后部车钩断裂，无可更换车钩，需要分部运行。

（1）分部运行的车辆均开往乙站方向。

（2）分部运行的车辆分别开往甲乙两个车站。

【学习过程】

1. 请各小组安排好人员分工情况，模拟列车分部运行的作业过程进行任务练习。

2. 列车在区间被迫停车的处理方法是什么？

3. 哪些情况下不准分部运行？

4. 写出你所在的铁路局对列车分部运行情况有哪些补充规定？

【任务总结】

1. 掌握了哪些技能（知识）：____

____

2. 新的体会及经验教训：____

____

3. 是否完成了预先制订的目标：____

4. 其他收获：____

参考文献

[1] 李慧玲，贾润．铁路接发列车作业 [M]．北京：中国财富出版社，2013.

[2] 铁道部．接发列车作业标准 [M]．北京：中国铁道出版社，2008.

[3] 牛红霞．城市轨道交通行车组织学生工作页 [M]．成都：西南交通大学出版社，2014.

[4] 余奇飞．食品化学检验工作页 [M]．厦门：厦门大学出版社，2010.

[5] 铁道部．铁路技术管理规程 [M]．北京：中国铁道出版社，2014.

[6] 王学明．铁道机车总体技术 [M]．成都：西南交通大学出版社，2014.